U0070096

拯救二手屋BEFORE+AFTER

二手屋改建之前的基礎認知…4

Chapter
2

二手屋改造實例大公開…24

Chapter
1

二手屋改建之前的基礎認知

開始 ☞ 二手屋改造計畫 ● ● ●

◢ 從基本結構著手

　　二手屋改造第一步先從基礎工程著手，二手屋最常遇見的問題在基本工程上，例如：採光不良、樑柱過多、坪效不佳、漏水壁癌等問題，先確認基本工程問題後，再委託設計師或自行委託工班，才能有清楚的執行方向。如何有效地進行基本工程改建，主要掌握以下原則：

☑ 尊重原始格局架構

　　二手屋大多因為早期並不時興裝潢，因此都遵守著基本格局，然而經過轉手或是多次裝修後，經常出現不必要的隔間或動線，改造的第一步就是還原原始格局，重新思考自己真正需要的。

☑ 切勿更動廚房、浴室的格局

　　水管、排糞管與排水管的管線遷移不易，特別是大樓或公寓建築，這些管線規劃都是以整棟樓為單一系統，牽一髮動全身，可能造成嚴重的後果。因此管線老舊可做更換，非必要則盡量不要變更格局和位置。

☑ 加大開窗解決採光

　　二手屋為了處理採光不佳的問題，通常會選擇加開窗戶或是加大原有窗戶，在選擇開窗位置時，可配合動線作採光，將光線導進屋內。

☑ 確認空調類型與位置

　　二手屋的設計通常都是配合窗型冷氣做冷氣口，而現今主流為分離式冷氣，開窗位置與大小，以及壓縮機的置放位置，都要預先確定好，為了之後進行安裝或是脫手賣出方便，最好都能先行預留。

☑ 屋內管線全部更新

　　在不變動原有配置的狀況下，線材與零件還是要全面更新，不可為了節省成本省略這道程序。

◢改造翻修該找誰

　　一般來說，改造翻修的發包方式有三種：① 委由室內設計師全包，由設計到施工全部交給設計師負責；② 委由統包商承作，交由統包商承作工程再發小包給各個工序的工班；③ 設計交由設計公司處理，施作由自己尋找工班來施作。三種方式各有所長，主要還是以自己的需求來做選擇。

◉方案一：由設計公司統包

　　通常設計師在進行報價時，設計費用以「坪數」計價，工程的部分則以「工程件數」做分項報價。交由設計公司統包，他們能為我們做到以下服務：

01. 裝潢風格與設計。
02. 建材選擇與搭配。
03. 規劃所有工程流程與表單。
04. 協助監工與驗收。
05. 訂定工程合約與保固服務。

設計公司統包	
優點	缺點
01. 只需面對設計師一個窗口，交給設計師的專業省時又省力。 02. 施工上有問題可立刻解決，裝修風格、品質獲得良好控管。	01. 費用較高。 02. 工程費用除了本身的成本外，還需支付設計師監工費用。

⊙ 方案二：自行發包

設計、發包及監督工程全都由自己一手包辦，但是這個方案有一大前提，也就是，自己必須對於裝修已有完整想法並有基本構圖能力；再者，必須有時間在現場做監工。自行發包雖然可大幅降低成本，但是原來可以交由設計師處理的事情得要自行處理，因此時間成本上必須重新衡量，建議把裝修盡量簡化，省去太多的加工時間。然而二手屋的翻修，因為涉及到重配管線與基礎工程強化問題，如果要自行發包的話，在繪製完設計圖後建議向專業設計師諮詢，以確認設計圖的可行性與正確性，當然，諮詢費會比設計費用來得低。在報價的部分，主要由各工班直接提供估價單，待確認施工方式與建材後，提出正式報價。

自行發包最大的困難點在於尋找合適工班，挑選合適的工班只要掌握 4 個原則：

01. 工班須具有專業證照與能力。

02. 與工頭是否能良好溝通與工頭的負責態度。

03. 提供完整配線圖與施工計畫。

04. 提供完整估價→報價→合約→驗收→保固文件。

自行發包	
優點	缺點
01. 可樽節成本。 02. 可減少訊息傳遞的錯誤。	01. 需要面對多個窗口，遇到問題需付出較多時間心力去研究解決。 02. 可能被哄抬價格，加上對建材不夠了解的話，品質較難把關。

📍方案三：設計公司出圖，工程階段另外發包

此方案為前面二項的折衷選擇，主要是由設計師負責設計出圖，再自行發包處理後續的工程階段，除了可以讓統包公司統一發包監工，也可以完全由自己發包監工。由統包公司負責處理，費用計算又細分為「設計費」、「監工費」和「工程費」，若是自行發包監督工程，則可省去一筆監工費，但大前提是要先懂得如何發包和監工。

交給統包公司的話，他們會派人專業監工駐守現場處理問題，除了將窗口單一化，並減少施工發生問題與工程延宕；然而，專業監工所費不貲，採用此方法前，要衡量與設計師統包方案的價格做比較；若是自行發包監工，雖說是省去了監工費，但可能受限於專業知識與經驗的累積，無法即時發現並解決問題。

設計公司、統包公司責任分工	
優點	缺點
01. 可確保設計項目的專業性與精緻性。 02. 省去設計師幫忙發包的佣金或手續費。 03. 責任歸屬明確。	01. 交給統包公司費用不貲；自行監工，則勞心勞力。 02. 無法掌握建材的品質與正確性。 03. 自行監工可能無法即時發現並解決問題。

改建二手屋基礎流程 ●　●　●

▲START

① 拆除運棄

確認裝修涉及的面積之後，就要開始拆除並運送舊有的裝潢，拆除費用的標準以建材料和數量而定。此項工程的費用除了拆除費用，另外還有清運費用，閱讀估價單時務必注意是否內含清運費用，以免後續發生糾紛。

拆除後的清運，一定要注意當時報價單中是否有清運項目，以免造成糾紛。

⚠ 特別注意

⚠ 許多大廈管委會要求裝修前必須跟管委會作申請並繳付押金。

⚠ 如果要針對隔間牆進行拆除時，務必先和專業設計師、結構技師確認，千萬不能隨意拆除，也不能為改變格局而破壞剪力牆，以觸犯法規危害房屋結構安全。

隔間牆施作

　　當裝潢拆除完成後，房屋呈現原有的格局，有別於新屋在此時直接進行隔間牆的砌製，二手屋翻修在此時必須進行牆面的的處理，檢查原有房屋結構、牆面、地面、樓板是否有受損情況、或是裂縫、脫落、壁癌、生霉、滲水等問題，並針對這些問題進行補強、防水與處理，以免之後其他工程出現問題。

　　當處理完牆面問題後，就可以針對自己的需求與設計，開始進行隔間牆的施作，一般來說，隔間牆的處理可簡單區分為乾式、傳統式。所謂的「乾式隔間牆」全名為乾式輕質隔間，主要是利用輕型鋼為骨架，以石膏板、矽酸鈣板等為表面材之搭配；而傳統式可分為「RC 牆」與「磚牆」，前者為模板＋鋼筋組合灌漿，後者是手工砌磚，二者均有各自優缺點。

　　在二手屋翻修上，因建築物老舊，樓板的耐受力較差，建議以乾式隔間牆為主；除了減輕樓板負擔外，厚度較薄可節省更多空間，價格也比傳統式更低，日後若要裝潢與拆除費用也比較低。

如果壁癌的狀況，一定要切實處理後，才開始施作隔間牆。

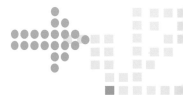

⚠ 特別注意

　　⚠ 如果選擇傳統隔間牆，砌好後一定要等水泥乾透後再繼續下個工序。

③ 水電配置

超過十年的二手屋，為了安全考量，水電管線一定要全數更新；除了重新配線外，原來使用的材料就不需更新，在配電上面，由於現在電器用品愈來愈多，配電箱最好更換成電箱，並且換成無熔絲開關，安培數也要重新配置比較安全；配電箱的位置若非必要，盡量不要讓裝潢遮蓋包覆，以免日後維修不易，另外，如果是用電量大

二手屋的管線更新，指的並非所有的管線重拉，而是指管線料品的汰換更新。

的電器，則必須設有獨立插座，避免使用過度而跳電。

給水排水的部分，除了要將容易鏽蝕的鐵鑄水管更新以外，也要檢查是否有漏水問題，通常在檢驗水路管線時需進行防水測試，包括水壓是否足夠等問題。排水管若發生老化或是管壁堵塞，如果是獨棟透天厝則可重新更換設備，但如果是公寓大廈，多層用戶共用一支排水管時，則可另接新管至地下排水處，並且封住舊管不再使用。

另外常被忽視的管線就是瓦斯管線與排煙系統配置，瓦斯管線也會面臨老化，若要確認瓦斯管線是否有問題，不要直接交給工班處理，務必聯絡瓦斯公司確認是否需要更換管線，如果瓦斯管要做移動，也務必交由瓦斯公司處理，以免發生危險。

⚠ 特別注意

⚠ 即便是委託設計師或統包公司監工，在水電配線期間，一定要自己進場觀看與檢視材料；選擇有執照的水電師傅，還是多一層保障。

⚠ 線路配管的好處在於可避免老鼠或其它動物咬壞電線，除了延長電線的壽命，也可避免電波互相干擾。

④ 泥作抹牆

　　一般來說泥作的進場時間都在管線配置之後，然而，如果搭建隔間牆時，選擇傳統式隔間牆或是管線有拉在新的牆面上，泥作的部分就必須在管線之前進場。泥作工程從小至局部性的泥作修補，到大規模的粉刷打底、砌磚牆、隔間，都屬於泥作工程範圍。

　　基本上，二手屋翻修如果牽涉到大型泥作工程，必須謹慎三思，不論是新砌隔間牆或是打掉牆面，衍生的工程不只是泥作工程，之後的地磚修補、牆面修補、磁磚修補、油漆修補、木工等工程都不輕鬆。

　　細部的泥作工程特別是壁面處理，關乎著後面上漆或貼磚的工序，泥作工程的品質主要是基於施工面平整、平直、尺寸與厚度的精確度。為了符合品質標準，在施工前師傅都會於施工現場利用雷射水平儀抓出水線、貼灰誌與塑膠條做為施工前的量測準備；從點、線、面拉出垂直、水平、厚度的基準線，確保施工的品質與精確度。

進行泥作工程時，不只要注意是否平整，也要注意垂直線與厚度的問題。

⚠ 特別注意

　⚠ 泥作工程一定要有耐心等待完全風乾，以免濕氣殘留，導致後來上漆不勻或脫落的問題；另外，如果外牆有剝落的狀況，先完成抓漏處理後再進行泥作工程。

　⚠ 大型泥作工程在工期與費用上耗費較大，如果有時間或是預算壓力，可盡量不變更牆壁結構，或以輕質隔間牆取代傳統隔間牆。

⑤ 防水工程

　　防水工程除了我們熟知的衛浴與廚房，陽台與易受潮的牆面（對外牆面或壁面有水管經過的地方）都必須做防水處理，除了可避免使用過程出現漏水問題，在進行防水工程時，可檢測管線配置是否有疏漏導致漏水；特別是防水工程與水電工程一樣，均屬裝修中的「隱蔽工程」，也就是表面看不到的裝修施工，當裝修完成後，這些工程被隱藏在壁面與瓷磚之下無法直接被看見，徹底驗收工程結果，才能進行後面的貼磚等覆蓋工作。

◆防水工程的機能：

　　01. 隔離：主要是隔絕及防堵外來水源的入侵與滲透，大多針對屋頂與外牆做防水設計，例如：塗抹防水塗料、加裝隔離防水層或庇水板等處理方式。

防水工程在完工後會被隱蔽在瓷磚與裝潢之下，因此在施工期間察看是一定要做的工作。

　　02. 防護：主要處理內用水源的防止滲漏，例如：防水層設計與塗裝、裂縫補強。

　　03. 排除：排水設備不良就會讓水分滯留屋內，特別是廚房與衛浴會大量產生積水的位置，排水系統更要特別注意。

⚠ 特別注意

　　⚠ 壁癌與漏水的處理順序，一定是先處理漏水後，才作壁癌的處理。

　　⚠ 如果有做窗戶更換，務必在安裝前後各做一次防水。

⑥ 衛浴、廚房貼磚

　　完成防水工程後，接著就是執行覆蓋的工序，一般來說，由於衛浴、廚房都是容易產生大量溼氣的地方，因此在牆壁與地面的選擇上，以貼磚為主。貼磚之前，打底一定要平整，為了避免引發磁磚拱起現象，施工前應確實將地面清掃乾淨，並且清除原地板層接合不良的部份。砌磚時也須預留伸縮縫，施工工法則會隨著選用的磁磚大小、材質有所不同，因此選用磁磚時，務必與設計師或工班師傅討論合用問題以及使用工法，避免後續的補救問題。

貼磚前務必確認好壁面平整，貼上的磚片才能呈現最好的效果。

 特別注意

　　⚠ 二手屋舊有的磁磚到底該不該打掉重來？建議若是因為管線重新配置或加做防水工程，牆面磁磚勢必要先清除掉，然而，有部分的牆面沒有做更動的話，在沒做更動及「更換壁材」的前提之下，還是可以保留舊磁磚的。

　　⚠ 漏水孔的安裝一定是跟著貼磚工程一起，切勿提早進行或是之後才處理。

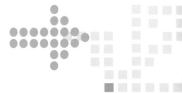

⑦ 鋪設地磚

地板鋪設會隨著材質、進場時間而有所不同，如果是採用地磚或石英磚，一般來說會在壁磚貼合完成後進行，若是採用木板，一定要等到全面工序完成後才能進場，防止木質地板損傷。地坪鋪設拋光地磚或石英地磚，最害怕遇熱脹冷縮或樓地板下垂弧度較大者，產生「膨拱」的現象；因此一定要選擇透水率低的地磚，防止熱漲冷縮造成破壞。另外，與牆面的交界處，要採用牆、柱面壓地作法，以保證連接緊密。

鋪設地磚之前，一定要用雷射水平儀抓出水平線。

 特別注意

⚠ 衛浴與廚房的地磚鋪設一定要有坡度，引導水流入排水孔，同時防止倒流或積水。

⚠ 地磚鋪設完畢一定要以紙板覆蓋保護超過 24 小時，才能在上面行走。

　　木作施工的順序從天花板開始，再依天板高度施做相關木作櫃體、門片、隔間等工程，如果有需要做到天花板木作工程，必須與水電管線相互配合，特別是需要處理空調管線配置時，木作工班則需要跟水電工班配合並確認管線的配置方式。木作進行施工時，最好使用經過防蟲處理的木料，因為一般都有防腐處理，卻未必有防蟲處理，在選料時要特別注意。

◆木作施工重點：

　　01. 先確認水電管線的位置。

　　02. 天花板與樓板確實接合。

　　03. 天花板預留維修孔。

　　04. 櫃子施工需有平面圖、內部圖與立面圖，並確認尺寸正確性。

在有高低處或是預留插座的地方，在進行木作時，一定要特別注意。

⚠ 特別注意

　　⚠ 燈飾的安排位置，注意不要安排在角料上，如果有做電器櫃，一定要確認電器尺寸，避免之後發現放不進去。

　　⚠ 牆與樑的收邊處一定要注意。

⑨ 批土油漆

　　一般油漆粉刷牆面之前，為了修飾新牆面的粗糙毛細孔或是遮蓋舊牆的瑕疵，會先進行批土工程，開始油漆時有以下工序：研磨補縫、批土、選色調色、打底、上底漆、上面漆。當我們聽到工班或是設計師提到「幾底幾漆」，指的就是打底次數與上漆次數。

油漆前一定要做好批土的工作，以免得不償失。

◆批土工序：

　　01. 加強補土整修
　　02. 全面批土
　　03. 修整細節

 特別注意

　　⚠ 若沒有等到批土完全乾燥，直接進行後續油漆的話，會使得牆面出現氣泡、凹凸不平。

　　⚠ 批土工程需備齊批土和 AB 膠，等 AB 膠完全乾燥以後，再次批土→研磨→批土→研磨，一樣的動作重覆三次才能達到最佳效果。

◢END

⑩ 垃圾清運及環境清潔

　　當一切準備就緒後，可以開始進行清潔與清運，垃圾清運必須注意政府與管委會的規定，並與工班確認是否已含在報價中。

大家都想知道的二手屋新裝 Q&A ● ○ ●

Q 購買時，發現陽台已經外推或是頂樓加蓋處理，我可以不理會它嗎？

絕對不可以！即便是民國八十四年以前的違建，仍是不合法行為，而且只是處於「緩拆」的狀況；如果不慎買到這類型的房屋：

● 先申請並確認是否為民國八十四年以前的建物，

● 確認是否已被政府拍照列管。如果符合以上這二項條件，可以稍緩拆除；反之，建議在改造時恢復原狀，避免誤蹈法網。

看屋時，如果不知道物件是不是屬於陽台外推，可以調閱「建築結構圖」或「使用執照圖」。陽台外推的後續處理方法，建議屋主最好能將陽台恢復成原來的樣子，避免其他不必要的麻煩與安全問題。

▲陽台外推

Ｑ 完工後要辦什麼手續？

依照建築法第六章使用管理第 70 條：建築工程完竣後，應由起造人會同承造人及監造人申請使用執照。直轄市、縣（市）（局）主管建築機關應自接到申請之日起，十日內派員查驗完竣。其主要構造、室內隔間及建築物主要設備等與設計圖樣相符者，發給使用執照，並得核發謄本；不相符者，一次通知其修改後，再報請查驗。

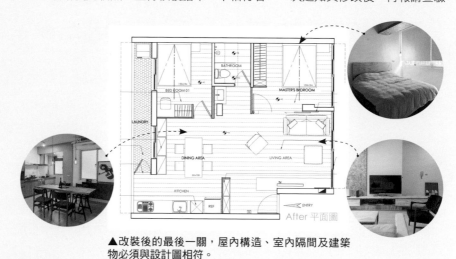

▲改裝後的最後一關，屋內構造、室內隔間及建築物必須與設計圖相符。

Ｑ 如果不想更動現有格局，還有其他讓空間放大的辦法嗎？

通常若是狹長型的透天街屋，建議利用天井設計改善採光問題、增加通風效果，設計得宜的天井其實還有增添室內景觀等機能。特別注意的是，若想引進天光得觀察房屋座向，看四周是不是有其他建築物比房屋還高，擋住太陽光；另外，也要事先確認排水設備的通暢，不會造成室內淹水及能抵抗風雨侵襲。

設計師撇步

💡 蟲點子創意設計鄭明輝設計師說〉〉

受限於室內結構大多難以更動，若情況允許，天井能有效解決狹窄問題。

我只是裝修而已，不需要經過政府同意吧？

　　雖然只是裝修，還是要提出申請與通過審查，目前法規規定若 5 層樓以下無電梯公寓可以不用申請室內裝修許可，若高於 5 層樓，則需向建管處作申請。經核准後，需在裝修地現場必須貼上「室內裝修施工許可證」，並於結案時取得「建築物室內裝修合格證明」。然而，在實務上，為了簡便與節省成本，許多人都忽略這個步驟，雖然走正規法律途徑，手續繁瑣，但是讓自家裝修找到政府幫忙把關，監察業者有沒有按圖施工、建材是不是偷工減料，都在審查的項目當中，對自己較為有利與保障，在進行裝修前，不妨與設計師討論。

裝潢、裝修差別在哪？		
性質區別	差異內容	誰能幫忙
裝潢 安裝黏貼上色等簡易的裝飾工程	壁紙、壁布、窗簾、家具、活動隔屏、地氈等之黏貼及擺設	未持許可證也可施作
裝修 空間規劃、配置、改造等深入的基礎工程	1. 天花板 2. 內部牆面 3. 超過地板 1.2 公尺只固定隔屏 4. 兼作櫥櫃的隔屏 5. 分間牆變更等裝修	持有許可證方可以施作

資料來源：建築物室內裝修管理辦法第三條內容

 如何增強二手屋對潮濕的抵抗力？

　　強化二手屋對潮濕的抵抗力，首先就是排水工程得做確實，隔離、防護和排除，這三個機能彼此環環相扣，並要養成定期整理與查看確認的習慣。

💡 **設計師撇步**

💬 **蟲點子創意設計鄭明輝設計師說〉〉**
二手屋壁面或天花板常見壁癌問題，若問題不大，從內側補強的作法進行即可。

💬 **摩登雅舍設計王思文設計師說〉〉**
漏水問題源於相鄰住戶，但因為種種原因，無法直接到住戶家中修繕時，只能在漏水最嚴重的區域裝設水盤；雖非一勞永逸的解決之道，但也只能折衷地採用此法。

Q 開放式廚房、分離式衛浴改造**的注意事項？**

　　要改造廚房、衛浴，首先得注意管線的問題，不管是給水排水線或是瓦斯線路，當管線都確認好之後再進行設計，這樣才能事半功倍，接著就是處理採光與排風的問題，分離式衛浴可善用透明的玻璃隔間，增加亮度與寬敞度。

> **設計師撇步**
>
> 💡 **華太國際設計錢毅設計師說**〉〉
> 全熱交換機能有效促進室內通風，或是採用淡色系裝潢，讓室內看起來明亮。

Q 水電拉線**的注意事項？**

　　無論如何都要全部更新，除了電線管路重拉之外，重置配電盤、更新迴路與插座，都是一定要進行的工程！另外，給水汙水系統、排風系統與瓦斯管線也要注意到。當然，報價也是施工考量的重點，一定要問清楚使用什麼規格的線與施工方式，並不是便宜就好，如此一來衡量報價才有依據。

> **設計師撇步**
>
> 💡 **蟲點子創意設計鄭明輝設計師說**〉〉
> 為了安全起見，二手屋全部水電要重新拉管，並確認迴路及開關安培數等，材質使用白鐵管，安全又能延伸使用年限。
>
> 💡 **觀得設計游淑慧設計師說**〉〉
> 進排水的部份，熱水管建議使用保溫的不鏽鋼管，廁所馬桶的糞管則要特別注意洩水坡度，並且避免將廁所移到樓下住家的臥房，否則可能遭到鄰居抗議。

用水區域的水電迴路需要特別注意什麼嗎？

　　我們都知道手濕濕的時候要盡可能遠離插頭，原因是水會成為傳導，讓電流直通人體產生觸電。建議如浴室、廚房、陽台等容易有水或潮濕環境的地方特別配置「漏電斷路器」，防止環境潮濕感電可能性。

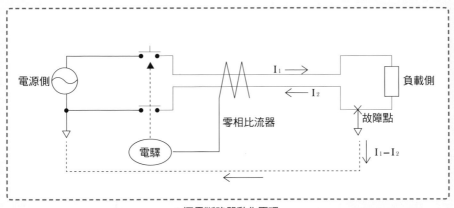

▲漏電斷路器動作原理

 畸零空間該如何規劃收納空間？

　　畸零空間因為形狀不方正，經常成為二手屋裡的雞肋之地，然而，透過適切的設計，畸零空間可以變身為儲藏室，利用層架或是木作順著畸零空間的形狀，設計出收納空間。

 設計師撇步

💡 **森境 & 王俊宏室內裝修王俊宏設計師說》》**
可將屋內的畸零地規劃成儲藏室，例如利用樑下空間規劃隔間兼收納櫃，或是樓梯下的空間規劃儲藏區，有效運用原本被浪費的空間，增加收納空間。

Chapter
2

老屋改造
實例大公開

A SINGLE PERSON WORLD

租屋收回自住，
單身女的一人時髦天地

房屋基本資料
- 20 坪
- 公寓
- 1 人
- 3 房 1 廳
- 35 年屋齡
- 主要建材：石板磚，六角磚
- 六相設計‧劉建翎

　　屋主原本和爸爸媽媽住在一起，而內湖這間舊屋一直以來都出租給別人使用，為了一圓有自己的家的夢想，將此屋收回裝潢後打算自住。

老屋狀況說明：

　　此老屋有三十五年歷史，屋內方正但只有二十坪的空間，小空間仍然隔成三房格局的情況下，使得每間房間都不大，而且整體感覺相當狹小；另外只有一間浴室，廚房只有迷你的短一字型、沒有餐廳空間。不僅老舊，許多靠外側的牆壁也都有壁癌的狀況，整間的屋況相當不理想。

　　本屋身處內湖的住宅區中，在環境上是單純且安靜的。為了營造一個夢想中的單身天地，全屋的改造勢必要做完全的翻新，於是屋主開始與設計師針對老屋問題與需求做裝潢計畫討論。

老屋問題總體檢：

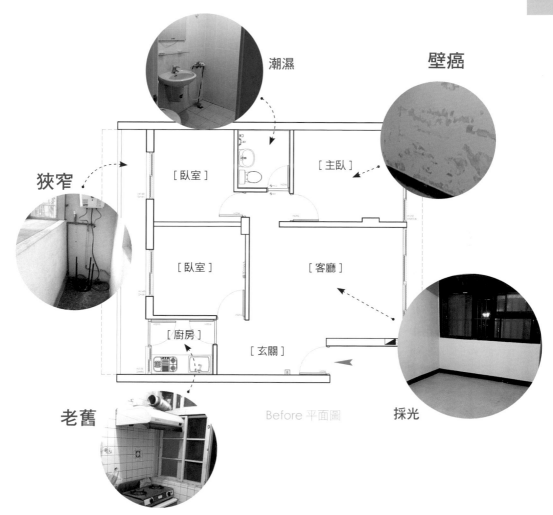

潮濕

壁癌

狹窄

[臥室]

[主臥]

[臥室]

[客廳]

[廚房]

[玄關]

Before 平面圖

採光

老舊

最困擾屋主的老屋問題：

壁癌	●●○○○	此屋有老屋常見的壁癌問題，出現在屋子的左右兩側牆面。
老舊	●●●●○	30 年都未整理，外觀上十分陳舊，有些汙垢甚至很難徹底清理尤其是廚房。
狹小	●●●○○	僅僅 20 坪的大小做三房格局，每個房間都不大，不僅沒有餐廳空間，廚房也相當狹小。

屋主想要改善的項目

1 想用最少的預算，徹底翻新舊宅。

2 加大廚房區，增加餐廳空間。

3 想要簡單清新的原木風格。

4 希望能解決壁癌衍生的牆面剝落問題，並做好防水。

5 全屋佈置與建材都陳舊不堪使用。

6 20 坪小坪數卻設置了三房，房間和公共區域都狹小且影響動線。

溝通與協調 Communication and coordination

 溝通協調後的設計師建議

1 六相劉設計師認為，以屋主的預算和想法為最大考量，向來是自己設計的主軸，而非以設計師的主觀做出發，很多情況以省錢為最主要取向，美感是建立在實用上。一開始就清楚知道預算，就能和屋主協調出可以做多少事情。

本案以裝潢總金額 100 萬為目標，雖然也不是小數目，但因為**老屋裝修的預算分配上，有七成都會花在拆除、管線重配等基礎工程**（約 70 萬元），因此在後端的裝潢設計上反而變得需要更精省，例如本案中，為省預算，舊地板不動，全部在上方鋪上一層超耐磨地板，省下了拆除舊地板的費用。

老屋裝修 小知識

Q：聽說老屋裝修的預算要比新成屋高，是嗎？
A：老屋的整修預算通常會抓得比新屋稍高一些，因為多了拆除和管線等全部換新的費用（配線、配管、粉刷等基礎工程），新成屋約 6 萬 / 坪，而老屋則為 7 萬 / 坪，以 30 坪屋來計算，裝潢總價約為 180 萬和 210 萬的差距。
但本屋原本應備 140 萬元，但因預算不足，可以做好基礎工程，表面就用便宜建材替代。

---

2 一個人住，不需要用到三間房間，另外因為屋主愛做菜又愛邀請三五好友來家中聚餐，於是建議將**緊鄰廚房的第三間房拆掉**，把原來狹小的廚房改成開放式廚房，還增加了擺放餐桌和餐椅的餐廳空間。

3 原木風格與裝潢的結合手法一直在市場上頗受矚目。在此案中，因為屋主理想的風格與預算關係，**設計師採用了大量的原生木材 (OSB 板、回收木料) 在設計中**，原生材料不會有二次施工的問題，讓整個空間呈現出大膽原始又深具質感的木頭風味，只要屋主可以接受此類木材不收邊的細節等，倒不失為一個節省預算的方法。

4 此屋有老屋常見的壁癌問題，出現在屋子的左右兩側牆面，但因為沒有很嚴重，用從**內側補強**的作法即可進行。

5 遇到超過 30 年以上的老舊老屋，基本上的建議做法都是**全屋打掉重做**，主要原因是電箱、管線水管等都需全部換新，老屋通常都不是氣密窗會有隔音的問題等，而且許多建材也都面臨老舊不堪使用的情形，不論是美觀或安全實用方面的考量，都應該以全部重做為優先考量。

6 盡量打掉不需要的隔間或牆壁，使室內空間看起來更開闊，動線更流暢。

老屋裝修 小知識

Q：什麼是 OBS 板？
A：OSB 板（Oriented Strand Board）又稱之為「定向纖維板」或「定向粒片板」，其主要是將木材切碎後，將木碎屑交錯疊合，再經高溫壓製而成。

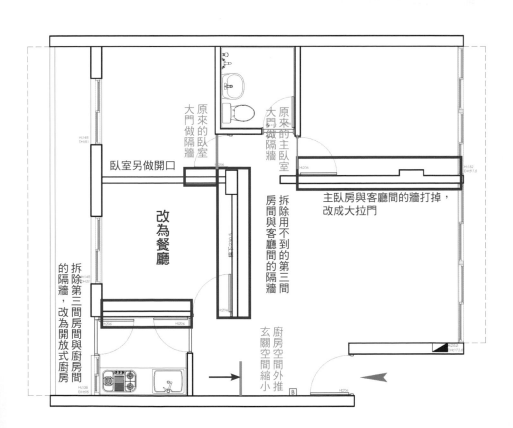

■拆除　■增新牆　■其他　　Ing 平面圖

After and results
改造成果分享

風格來自於需求

設計師強調，室內裝潢並非個人作品的發揮，設計應該建立在屋主的需求，如何安排一個符合屋主生活習慣及需求的舒適環境，比多麼華麗亮眼的設計都來得重要。屋主的物品本來就不多，而且因為老家就在附近，不需要把全部的個人物品通通拿過來，因此屋內的設計也做得相當簡潔，沒有特別著重收納用的廚櫃，而重在營造空間的寬敞與舒適。整體用白色和原木色系，營造出舒服和放鬆的居住空間，相較於一般過度裝潢的風格，這裡真正讓人感覺放鬆。

不是只是好看，每個設計都有「道理」

客廳的電視櫃造型簡單，左側原前陽台處從牆壁延伸到天花板的木板，是 OSB 板的原生材料，省掉了二次施工的程序價格更便宜，還有意料外的粗糙質感。此大塊ㄇ字型橫跨天花板的設計並非單純為了好看，是為了遮住電視旁的變電箱，以及上方的線路走向。

除此之外，除了廚房的木紋為系統廚具營造出的效果外，其餘全屋木頭皆使用回收木料，甚至有些小家具也都是用同樣木頭製成，像是客廳的桌子、小茶几、房間的小化妝桌等。

自然採光改善老屋陰暗

為了省預算，屋內沒有做天花板上的間接燈，因此客廳連接到主臥房整面靠外的牆面都做成了大片氣密窗戶，引大量自然光源到屋內。之前老屋的窗戶是粗黑框的傳統型窗戶，不僅顏色感覺沉重，沒有氣密的功能，厚重的玻璃也影響光線的投入。現在的屋內只設置了簡單但有氣氛的照明燈，但白天光靠屋外的照明，就已經相當明亮，夜晚則能營造出舒適休閒的氛圍。

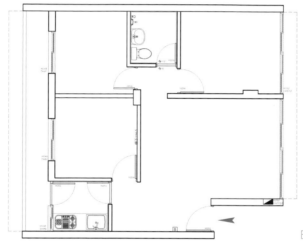

Before 平面圖

After 平面圖

彈性運用的個人自由空間

因為只有屋主一個人住，並不需顧慮太多隱私性的問題，過多的隔間反而會讓家中空間感覺狹隘，經設計師建議後，主臥室不是一般的門而是採用整面牆面的大拉門，平常白天時可以完全敞開，讓房間和客廳空間可以相連，塑造出同一個空間的開闊感覺。有客人來的時候，又可以整個隱蔽起來，不讓客人看到臥室的凌亂和隱私。

完美訂做餐廚空間

屋主愛做菜也愛邀朋友來吃飯，因此此塊空間是變動最大的一塊，拆除了一整個房間挪作餐廳空間使用。再將原本沒有特別使用的玄關空間讓出來，把一字型廚具加長後，縮短了玄關的長度，中間做了實用鞋櫃當作分隔牆面。原來用不到的第三間房間，則完美變身為充滿氣氛的交誼餐廳，結合開放式的廚房，現在，要在這邊和友人一起下廚辦聚會都沒有問題了。

機能一分為三的好用浴室

浴室改為乾溼分離。將原來浴室的三項主要機能都分開來，洗手檯設置在浴室外，也可單獨當作一般日常生活的洗手槽使用，門內的馬桶與淋浴間則用玻璃隔了開的採乾濕分離。淋浴間的牆面特別採用了清水模，營造出與其他空間略有區隔的原始的設計風味。

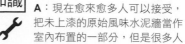

老屋裝修 小知識

Q：為什麼我家的清水模牆會有裂痕？

A：現在愈來愈多人可以接受，把未上漆的原始風味水泥牆當作室內布置的一部分，但是很多人不知道，水泥的特性因為熱漲冷縮的關係，無論材料多好，施工過程多完美，一段時間後出現裂痕都是正常的現象，建議選擇這類設計的屋主，要先有這樣的認知。

之前之後對照一覽

Before

After

客廳

原來陰暗的客廳，成功改造成**明亮的**印象。

臥室

壁癌處理並重新上漆之後，臥室變身嶄新的迷人休憩空間。

廚房

廚房的廚具是用**木紋的系統櫃**，盡量與其他空間的原木風格做搭配。

浴室

將原來浴室的三項**主要機能都分開來**，洗手檯放浴室外，可單獨當作洗手槽使用。

重點施工流程

❶ [餐廚加大工程]

老屋通常要求隔間要多，以應付較多的居住人口，而現代人愈來愈重視開放所帶來的舒適感，尤其一人住的地方，拆掉用不到的房間幾乎是不二的選擇。一拆掉隔牆之後，整個開闊的空間感已然出現。

Step1

拆掉一間房的兩面牆。

Step2

形成開放式的廚房並增加了餐廳空間。

Step5

全新的氣密窗，並設置了水電管線。

Step4

木工工程進場。

Step3

廚房加大變開放式，並增加餐廳空間。

Step6 完工照

老屋裝修小知識

Q：所有牆面都是可以拆的嗎？

A：一般可以拆的牆為磚牆或輕隔間牆，最簡單的辨識方式為厚度約 10 公分左右。磚牆的辨識方式為可以看到紅磚，輕隔間牆則會看到前後的矽酸鈣板，且厚度約 10 公分而已。

承重牆 (RC 鋼筋水泥牆) 和剪力牆 (結構牆) 是絕對不能拆的，這種牆多厚達 15 公分以上，有時會在隔間牆的位置，但多在浴室四周，或管線間，所以管線間也不能移位；這兩種牆絕對不能打，裡頭的鋼筋也不能切斷，不然，整個建築就有危險，若真的有疑慮，可請結構技師來檢查。

❷ [拉門設置工程]

一個人住不需要太多多餘的隔牆,但又考慮到外人來時的必要隱私,因此設計師為屋主在主臥室和客廳間設置了超大拉門,打掉了一整面牆,並把原本的側邊入口封起來。將原木的拉門全部拉開後,從臥室可以直接看到客廳,營造出開闊的空間感,而且可以一眼看到各空間也讓人產生安心感。

Step1

Step2

拆除主臥與客廳間的牆面。　　填平地上的凹痕。

Step5

Step4

Step3

最後安裝上超大型木板門。　　在牆面上各部分逐步貼上木片。　　裁切原木並做細部處理。

Step6 拉門完工照。

老屋裝修
小知識

Q:拉門和一般門的不同?

A:拉門的優點是不需要預留一般門在外開或內開時的空間,一般建議在空間較小的住家使用,只要左或右側有足夠的推拉空間。而此案中則是因為考量到想讓主臥與客廳空間連成一體而做成整面拉門。
拉門有與牆面融為一體的優雅感,但缺點是密閉性不如一般房門,隔音效果稍差一些。大家可以視個人和家人的需求做選擇。

❸ [原木應用工程]

本案中設計師以原木統一全屋調性，但是所有的設計都是有「原因」
的設計，而且在預算內盡量物盡其用，大塊的木材裁切剩下的零碎木
材，就依屋主需求做成簡單但實用度滿點的小家具，像是茶几等。

客廳左側 OSB 板裝飾。

浴室回收木材除濕配備。

浴室原木置物架。

用回收木材做客廳大茶几。

用剩餘的回收木材做
邊桌。

房屋基本資料

- 80 坪
- 獨棟透天
- 4 堂姊妹
- 4 房 4 廳
- 30 年屋齡
- 主要建材：文化石、超耐磨地板、木紋磚、鐵件、天然木皮、系統家具、系統板材、玻璃
- 浩室空間設計，邱炫達

A SINGLE PERSON WORLD

從亂糟糟到前衛混搭，堂姊妹的嶄新透天厝

　　這間透天厝屬於家族中的兩對堂姊妹共四人。家族有一塊自己的地，共蓋了六棟透天厝，而其中這棟是和孫輩感情很好的阿嬤離世前堅持留給孫輩的。

　　長輩也覺得孩子大了要有自己的空間，認為同輩住在一起較有話題又可以彼此照顧，也希望可以凝聚家族的向心力，爸爸媽媽家就在附近，隨時都可以回家吃飯聊天。

　　兩對堂姊妹從小感情就不錯，就像四姊妹一樣親密，之前就一起住在這間房子裡，但老房子老舊又沒有什麼風格，興起想要重新裝潢的想法。繼阿嬤留房之後，爸爸媽媽又出錢讓四姊妹依自己的喜好裝潢設計，讓幸福的四姊妹們開始摩拳擦掌找設計師並規劃新家。

老屋狀況說明：

　　此棟位於桃園的三層樓住宅，外觀較舊式，但貫穿建築本體的大窗型設計相當特別且引人注意。

　　此老屋形狀特殊不方正，因此除了室內的格局切割之外，一樓外圍還多了幾個特殊形狀的陽台，因為入口狹窄又位置不好的關係，之前一直拿來堆放雜物，沒有辦法將這些空間作妥善的運用。室內的問題則為擺設陳舊，物品繁多又沒有妥善收納顯得相當雜亂。

　　在裝修前，四姊妹在這屋子已住了十年，覺得此屋最主要的問題就是壁癌和老舊沒有風格。

老屋問題總體檢：

衛浴潮濕

客廳採光不足

[廚房]

[客廳]

廚房沒有風格

[衛浴]

[玄關]

陽台空間
沒有利用

牆壁剝落

Before 平面圖－ 1F

1. 單身貴族的嶄新天地　**39**

最困擾屋主的老屋問題：

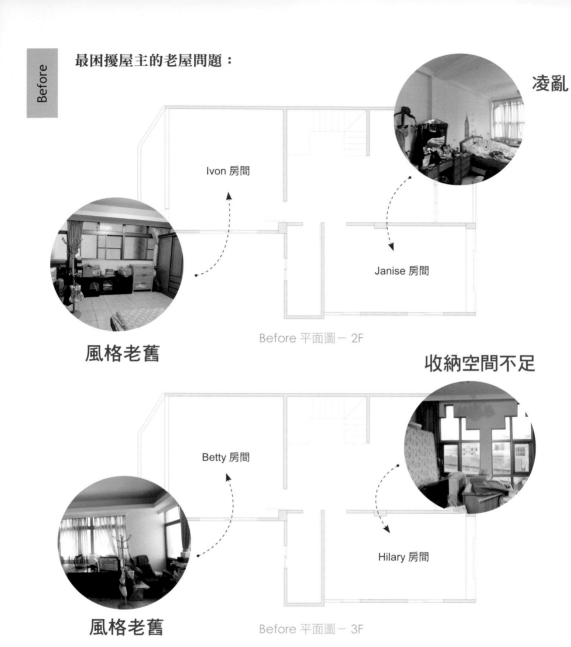

凌亂

Ivon 房間

Janise 房間

Before 平面圖－ 2F

風格老舊

收納空間不足

Betty 房間

Hilary 房間

風格老舊

Before 平面圖－ 3F

壁癌	●●●●○	玄關的牆壁等處都有很嚴重的壁癌，引起牆壁四處剝落，室內變得不太美觀。
陳舊	●●●●○	30 年老屋裝潢手法和家具配置都相當陳舊且沒有風格，不符合國外留學回來年輕人喜歡的樣貌。
格局	●●●○○	格局不方正，導致在配置空間時產生了一些畸零地，變成堆雜物的地方。

屋主想要改善的項目

1 四姊妹對自己的房間風格都有各自的期望和想法。

2 雖然地方算寬敞但收納機能不佳，使屋內動不動就顯得雜亂。

3 希望處理好屋內的嚴重壁癌。

4 廚房空間要夠、採光要好。

5 格局有些凌亂，還有許多空間沒有有效運用。

溝通與協調　Communication and coordination

溝通協調後的設計師建議

1 四姊妹都從國外留學回來，在品味上很有自己的想法，各自和他們溝通協調風格和細節，再量身訂做 3D 圖確認並執行。四間臥室的風格有美式鄉村風、現代風，各不相同，**為融合調性不同的現象，**設計師建議共用空間如客餐廳等索性也採用大膽的異國風格，意料之外地創造出整間屋子的混搭卻和諧的風格。

2 針對居家物品雜亂的問題，一般通常是因為老屋收納機能偏弱，由添購零星的廚櫃家具等放東西，但這些家具彼此風格不見得能夠完全和諧，在一開始就已經會讓人有零亂的感覺。之後會規畫較為隱藏式的收納空間，讓人感覺不出來收納櫃的存在，另外針對一般女孩子最頭痛的衣物收納問題，**每間房都會設置專屬的個人更衣間，**滿足女生的夢想，而且就算買得再多也不怕沒地方收了。

3 因為此戶是獨棟的，遇到壁癌不用屈就於棟距而只從內部做消極處理，可以從內外進行完整的**標準壁癌處理程序，**先刮除掉表面出現的發霉現象或剝落的漆，然後內牆與外牆都做徹底的防水工程，能防止再度發生壁癌現象。

4 原始的廚房設計是傳統式的，餐廳和廚房在同一個封閉空間，因為緊鄰的一樓外側陽台空間閒置沒有使用很浪費，**我建議乾脆整個外推出去，**將廚房獨立在玻璃門外，而餐廳留在原處，讓兩邊都更加寬敞、好使用。

5 格局的規劃主要依屋主的需求做更動，像是臥室和起居室的動線等，而幾個**格局不方正的陽台空間，**也會做有效的配置。

老屋裝修
小知識

Q：什麼是室內 3D 圖？每間室內設計公司都可以提供嗎？
A：室內 3D 圖，是指設計師依據客戶的需求，畫出的一份立體空間、擬真的設計圖，客戶可以很具體且清楚地看到設計的細節，例如櫃體的木工表現、床頭板的設計圖樣等，並直覺地想像完工後的外觀，不用像以往 2D 平面設計圖一樣，受限於空間表現方式而無法徹底掌握細節。
因應潮流和實用性，現在很多設計公司都已經有提供這項技術，不過，因為 3D 圖的繪製技術門檻還是比傳統 2D 平面設計圖高，有的設計公司還會因此外發給專業繪製人員繪圖，所以有的設計公司會針對 3D 圖另外索取費用。

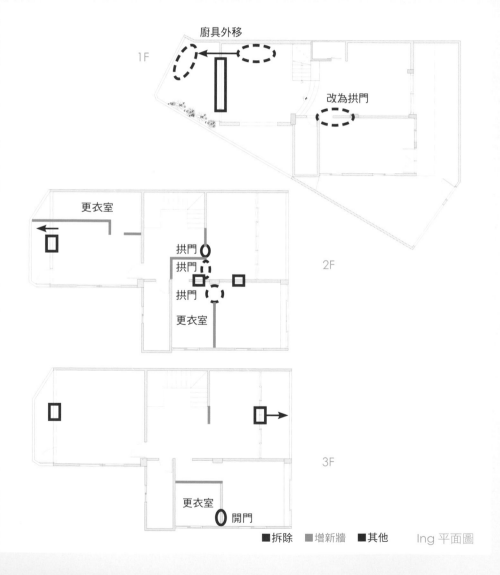

Ing 平面圖

After and results

改造成果分享

當地中海的藍遇上美式現代鄉村──混搭就是風格

一進大門，映入眼簾的是大膽使用整面地中海深藍的玄關，佔地面積之大令人驚訝會讓人以為是客廳，而真正的客廳設置在大拱門的另一邊。

客廳和餐廚空間是串連成一整個寬敞的開放空間，一面是從玄關延伸過來的地中海藍，另一面則是沉穩的咖啡灰，不同色系的兩面牆在此大空間中相互映照，不僅不會突兀，有種富變化的亮麗質感。

最悠閒且有個性的起居室

整面咖啡色牆面搭配一字型黑框木紋簡潔櫃，天花板上的嵌燈投射在裝飾櫃上的版畫和相框營造出畫廊氛圍。布沙發和桌子尺寸氣派但造型和顏色都走低調氣質，右側採光明亮但柔和，另設內凹打燈的牆面展示空間，再為客廳增添藝品空間氣質。

耗時耗力的巨大工程

一方面因為佔地大，一方面因為不斷協調溝通四位屋主的不同喜好，此案從規劃到完工耗時近半年。在處理老屋裝修時，因為建造時間較久遠，通常已沒有留下管線配置圖，而屋主本身也未必知道走向，偶會發生拆除過程中打到舊水管而造成突發漏水的狀況，讓老屋的翻新過程增加了難度。

Janise

Ivon

二樓——姊姊的鄉村風與妹妹的現代風

　　進入二樓，第一間房是 Janise 的房間，含臥室、更衣室和一個起居室，以三個拱門串連了彼此。整體偏美式鄉村風格，有整整兩面的淺灰色文化石牆面、兩扇超大的玻璃窗戶，配上木地板，畫龍點睛的相框裝飾與設計單品家具，整體感覺是一個能夠真正放鬆的場域。

　　Ivon 的房間走的是現代風格，房內窗戶雖然沒有 Janise 的房間這麼大，但也是有兩面採光，床頭板、矮桌和書桌等簡潔地一體成型，另外房內還放有專屬的鋼琴，並一樣有專屬的更衣室。

三樓——現代撞上美式風格

　　三樓的起居室是家裡的第二個小客廳，除了沙發和茶几外，背後設計了一整面牆頂天的展示收納櫃。和一樓的低調沉穩客廳不太相同，此起居室搶眼的黑皮沙發搭上文化石和整面的螢光綠牆，營造出相當前衛時髦的氛圍。

　　Hilary 的房間風格跟 Ivon 的房間有些接近，是比較簡潔的現代風。房間正好位於本棟建築窗框的頂端，充滿造型的大窗戶也讓這間房間多了一些趣味。最後一間 Betty 的房間，呈現美式風格，木紋豐富的衣櫃和超耐磨地板是本房亮點之處。

Hilary

Betty

驚艷的自然光溫室廚房

進入廚房有一種置身國外豪宅空間的錯覺，除了規模或是質感都相當令人讚嘆外，最驚艷的還是那像溫室一樣的玻璃屋頂，設計師巧妙安排了全透明和反射玻璃不同透光度材質的組合，讓投射進此空間的光線充滿魔幻的變化，好像在這裡待多久都不會膩，超脫柴米油煙的優雅國度，今天，姊妹們打算在這裡一起做什麼菜呢？

老屋裝修
小知識

Q：玻璃屋頂的優缺點？

A：在國外電影或影集中，常會看到玻璃屋的場景，也許是女主人和女伴們優雅的下午茶聚會，或許是老先生的植栽溫室，玻璃屋頂營造出時髦悠閒的氛圍，也愈來愈多台灣人可以接受這樣的設計。

玻璃屋頂的優點除了美觀有風格之外，採光好自然不在話下，另外還有將室外自然景觀融入室內的無法取代的優勢；缺點的部分則是玻璃屋的溫度通常會比較熱，還有需要留意玻璃的清潔以及安全性的問題。

Before-1F

After-1F

Before-2F

After-2F

Before-3F

After-3F

之前之後對照一覽

Before

玄關

幾乎與一般家庭客廳一樣大的玄關，連接客廳的入口設計成拱門形狀，加上整片的地中海藍牆面，異國風味強烈。

After

客廳

窗戶維持同樣大小，只是改成氣密窗，原來客廳有設置一個吊燈和天花板燈，後來改成嵌燈與投射燈之後，**室內感覺更明亮。**

餐廳

將原本餐廚和陽台間的牆打掉，室內只放餐廳，**廚具外推後**，室內搖身一變簡潔的休憩空間。

廚房

玻璃屋頂，設計師巧妙安排**不同材質和透光度的組合**，讓這個廚房空間如夢似幻。

ROOM
Janise

原先零星木頭家具造成的俗氣感已不復見，搖身一變時髦的**美式鄉村空間。**

ROOM
Ivon

床的方位 180 度大
轉動，**風格也 180
度大變動。**

起居室

將原來的室外空間
納入室內，全黑沙
發，配上左側牆整
面**漆成亮綠色**，大
膽的個性有別於一
樓客廳的悠閒。

ROOM
Hilary

三樓的大臥室，光
是將窗戶改為黑色
鐵件，整個營造出
的**金屬質感**就已經
很不一樣。

ROOM
Betty

機能一樣，但用有
統一感的設計家具
取代零星的小收納
櫃，不再雜亂，氣
質大翻身。

重點施工流程

❶ [廚房外推工程]

Step1

原來擁擠的餐廚空間。

Step2

將與外陽台之間的牆整個打掉。

Step3

屋頂也拆掉重置玻璃屋頂。

Step4

餐桌在內,廚房在外,優雅寬敞的開放式饗食空間。

❷ [窗戶重製工程]

Step3

Step1

原本的窗戶造型即有趣味但非氣密窗。

Step2

整個拆空留下牆的形狀。

黑色金屬質感讓整體裝潢更加分。

❸[清運工程]

Step2

將廢棄的木板牢實綑綁。

Step1

三樓起居室陽台,是清運三樓拆除垃圾
的窗口。

Step3

掛上吊車的垂吊繩。

Step4

扶持下小心搬運。

Step5

吊車

特別附錄／**保留好用舊東西**

❶ 樓梯

　　將原來的木質樓梯扶手漆成白色，整個風味和質感就完全改變，考驗設計師功力的創意魔法，只要眼光準，下手留住老東西，省去全部打掉重做的費用。

　　此類型樓梯扶手其實蠻常見，很多老一點的建築都會使用到，但很多人都沒有注意到其實這類扶手具有古典的歐式風味。

❷ 偽文化石

　　原來只是室外空間中再常見不過的二丁掛磚，起居室外推之後，設計師將磚全部噴白漆處理，竟然成為與 Loft 風格極為融合的文化石效果，設計師笑稱之為「偽文化石」，也是舊物再利用的省錢巧思。

什麼是二丁掛？

　　丁字是台灣於日據時代，日本人留下一種模具化的單位，單片之寬度為 60 公釐者，俗稱二丁掛。

　　丁掛磚屬於建築陶瓷的其中一種，大多用在建築外牆或柱面拼貼、收邊或勾邊的用途、以及園藝或景觀規劃上，也有很多室內設計會利用丁掛磚特殊的質感應用在裝潢裡面，算是用途蠻廣泛的建材。

A SINGLE PERSON WORLD

海風侵蝕
鋼筋露出老公寓，
驚奇改造美景小豪宅

房屋基本資料

- 26 坪
- 公寓
- 1 人
- 2 房 2 廳
- 40 多年屋齡
- 主要建材：玄武岩、義大利板岩、大理石、日本進口遺跡孔磚、金屬玻璃馬賽克、溝紋磚、人造石、南方松、栓木鋼刷木皮、鐵花橡木、海島型木地板
- 宇肯設計・蘇子期

　　在台北工作、生活多年的男主人，渴望擁有從機能到風格全都吻合自我風格的空間。市區房價太高，他在郊區尋尋覓覓，某間破舊老公寓的售價讓人喜出望外。看過現場之後，屋後封閉住的絕佳港景促使他無論如何都要改造這裡。

老屋狀況說明:

　　此宅的外環境頗優。前衛幹道,開車往返台北很便利;後臨港口,風景好迷人。然而,建物本身卻令人猛搖頭。狹長平面完全翻版自街屋。兩側長牆的其中一道走向歪斜,牆壁到處都是凹面與凸柱!先前為隔出三房而形成迂迴長廊,遮光、擋景,還導致各區窄小又陰暗。格局配置亦有多處不合理。如,客餐廳各據屋子的前後兩端,小廚房僅能塞進短短一截流理臺。想上廁所嗎?只能從廚房進出。此外,老屋後端的牆面漏水嚴重、多處有壁癌,陽台樓板的水泥竟剝落到露出鋼筋的程度⋯⋯。

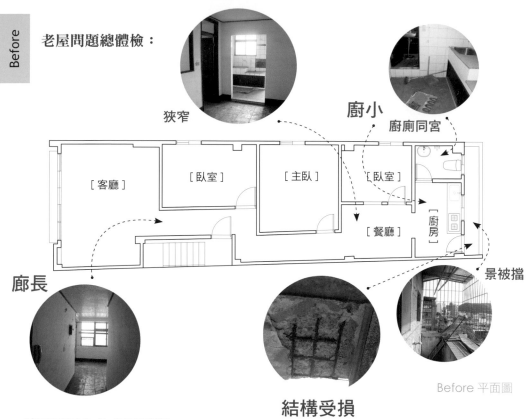

老屋問題總體檢：

狹窄　　　　　　　　　　廚小

廚廁同宮

廊長

結構受損

Before 平面圖

最困擾屋主的老屋問題：

狹窄	●●●●○	街屋般的狹長格局，東西長 30 米，面寬僅約四米。三房兩廳的房子處處是隔間牆、各區面積都很小。
廊長	●●●●●	三間臥房全擠在屋子中間，構成長約七米的窄廊；大門則為遷就整棟公寓的樓梯方位而只能開在屋子中段。甫進屋就踏進這條曲折、幽暗的長廊；廊寬一米，正對著大門的白牆近距離地壓迫著視線。入口毫無餘地可設置玄關，連鞋櫃也沒法擺放。
廚小	●●●●○	傳統的密閉式廚房頗為窄小。一字型流理台的檯面對喜愛烹飪的人來說顯得非常不足。廚房裡也沒地方規劃電器櫃與收納櫃。
景被擋	●●●●●	此宅的最大優點就在於後陽台的港口景觀。但是，廚房的兩重隔牆與小窗遮擋了往外的視線。若站在狹窄的後陽台則更令人扼腕：美景之前盡是醜陋的鐵窗！
廚廁同宮	●●●○○	位於屋子後段牆角處的衛浴間很小，且只能從廚房進出。從風水學來看，廁所穢氣進入廚房是很糟糕的格局。廚廁如此靠近，感覺上也很不衛生。
結構受損	●●●●○	後陽台拆除掉鐵皮雨遮之後，才發現天花板邊緣的混凝土嚴重剝落、露出生鏽的鋼筋，恐怕此區的承重力會不足。

屋主想要改善的項目

1 想要全屋變得開敞、明亮，動線更順暢。

2 期待入口能增設玄關與鞋櫃。

3 希望坐在客廳沙發就能賞景，再也不需為了看風景而站在窄小的後陽台。

4 解決房屋漏水的問題，並補強露出鋼筋的天花板。

溝通與協調　Communication and coordination

 溝通協調後的設計師建議

1 宇肯蘇子期設計師表示，**隔牆過多是導致造成此屋陰暗又窄迫的主因**。只要拆掉這些牆體，就能消除長廊，整層公寓也得以優化各區的位置與動線。他將客廳從前段拉到中段的入口旁，並與後半段的餐廳、廚房整合為一個寬敞的公共區域。這裡約佔全室一半面積，集中了烹調、用餐、工作、娛樂跟社交等機能。在強化生活機能的同時，開放式設計也能放大空間感。

2 將正對著入口的長牆後退五十公分並改為短牆，就能**拉出方正的玄關**，從玄關進入客廳的右側有處凹入約一米之深的牆角，這裡先前是長廊通往餐廳的轉角，現利用這個 L 型角落來規劃雙面可用的落地櫃：面對玄關區的是鞋櫃，朝向客廳的是收納櫃。

3 **敲除了佔據屋子後端的密閉式廚房**，從屋子的中段到後段就全都能輕鬆地望見港口。接著，拆掉後陽台的鐵窗，改設鋼鋁合金材質的電動節能窗。屋主將節能窗收到頂處就能享受大片窗景。當人不在家時，降下節能窗能防止雨水潑濺又能防盜。還可調整百葉的角度，依遮光需求來控制西曬進光量。整個後陽台並拉大深度，改成可擺放桌椅的賞景陽台，落地的玻璃折門不僅加大對外的開口，也利於引景入室。

4 後半段外牆有多處漏水，甚至壁癌嚴重，先抓出整道牆的漏水點、做好防水，再批土、上漆。後陽台的樓板因房子老舊，水泥風化、剝落，裸露的鋼筋也遭鏽蝕，先**幫鋼筋塗漆**以防止它繼續生鏽下去，再補上水泥。為強化這區的結構承重力，相鄰的側牆也用鋼構件來補強。

Q：該如何解決面寬太窄的格局？

A：此屋的兩側長牆相距僅四米，在沒法往外拓寬的情況下，我們只能透過一些技巧來化解。以公共區域為例：廚房流理台或中島的軸線都順著長牆的方向，以期佔用的面寬能達到最小程度。餐廳在扣除通道之後，剩下的面寬就用來配置餐桌。大餐桌捨棄四支桌腳的做法，改用中央底座來支撐，以免絆到腳。桌面的短邊靠牆，剩下的三邊就能坐到五個人。桌面擱在沿牆打造的木作櫃上方，這可讓桌子獲得長達 150 公分檯面；充裕的檯面看起來大器，用起來也舒服。最重要的是，餐廳的側牆貼滿大片明鏡。坐在這裡，鏡子折射延伸了此區景深，化解面寬不足的尷尬。若從屋子偏中段的位置來看這面鏡牆，它還能把窗外的光線與風景拉進室內，也能讓人忘掉狹長空間的侷促感。

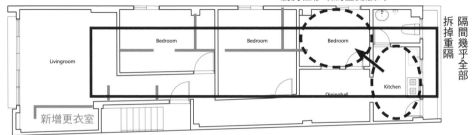

廚房位移改為全開放式

拆掉重隔

隔間幾乎全部

■拆除　■增新牆　■其他　　Ing 平面圖

- 主臥外側、衛浴外側各增設一道可收入櫃體內的拉門。
- 客廳與餐廳、廚房合為一個大型的公共區。
- 增設多功能中島。
- 陽台增加深度，南側增設短牆以隔出洗衣房，外側女兒牆用電動節能窗取代傳統鐵窗。
- 陽台樓板與側牆補強結構。
- 餐廳的側牆用木作拉平整了再貼明鏡。
- 新的衛浴管線走明管，糞管架高以拉出坡度，並利用和室的架高木地板與廚櫃來遮蓋。

Q：既然已大刀闊斧地進行拆除，為何還要保留原有牆面？這不是會牽制到全屋的格局規劃嗎？

A：其實，盡量不拆牆才是最佳方案。尤其有許多老公寓都是早期小型建設公司的產品，當初較沒那麼重視結構計算，再加上老屋經過歲月洗禮，結構也會變得較脆弱。此案幾乎拆掉全室的隔間磚牆，它們雖不屬於承重牆，但若全拆掉，多少也會有影響。經過一番推敲，選在屋子 1/3 與 2/3 處的兩道磚牆，各保留寬約 2 公尺、1.5 公尺的短牆。格局規劃當然要看設計師的功力；不過，此案之所以能這樣保留原牆，是因為主臥、客餐廳等處都已確定位置，各區只需微調尺寸即可將這兩道短牆納入設計。

After and results

改造成果分享

三房變兩房，鐵窗囚牢化為美景天堂

　　單身的男主人喜愛旅遊與美食，也常在自家下廚款待好友。他不需要很多房間，廚房與餐廳才是他最重視的生活舞台。因此，設計師幫他翻新此屋，就從全盤格局改起。拆除重重隔牆、卸掉鐵窗與鐵皮雨遮，把主臥與衛浴拉到屋子前段，將客餐廳與廚房集中在看得到美景的區位，最後再加大陽台深度。如此一來，整間房子就擺脫幽暗、窄迫與動線迂迴如迷宮的樣貌，陡然升級為開敞、便利、如同精品飯店般迷人的小豪宅。

善用拉門，同一間衛浴也能有兩種用法

　　屋主相當好客，也很重視個人隱私。他希望主臥能與客餐廳有區隔，以免外人隨意窺探。蘇子期設計師以玄關為界，畫出公與私兩大區。進屋後，往左可通往衛浴間跟主臥，往右穿過玄關則進入客廳等區。屋主平日在開敞的公共空間看電視、上網、做菜、吃飯……；當客人來訪時，此區又化為私人招待所，從廚房端出的美食、從室內望出去的美景，全都是身心靈的最佳饗宴。不過，整層公寓囿於坪數與格局，就只能配置一間衛浴，而這唯一的配額早已分給了主臥。

　　那麼，該如何讓這間衛浴能供來客使用、還能兼顧主臥的隱密？蘇子期設計師在主臥入口以及衛浴入口前各設一道拉門。主臥拉門還兼當展示櫃牆的活動門，通道的拉門則可靠在側牆的櫃體外側。當有客人來訪時，只要拉上主臥入口的拉門，這唯一的衛浴間立即就成了客用衛浴；若拉上通道靠玄關處的拉門，主臥跟衛浴則頓時就構成完整的套房。

順勢規劃，創造實用又美觀的精緻空間

這間公寓的屋型大抵方正，但四面牆壁卻很不平整！沒幾步就有柱角凸出或有牆面凹入，此外，某道長牆的走向還略為歪斜，設計師先用木作來修飾客餐廳的斜牆，在最不浪費寶貴面寬的前提下，分兩段來拉平立面。客廳的斜牆在拉正角度之後成為沙發背牆；餐廳的側牆上半段是鏡牆，下半則用與餐桌相同的材質來打造收納邊櫃。

主臥，床頭的背牆左右不對稱地凹入，在這道立面選用秋香木來打造質感溫潤的造型牆，順便封住左大右小的凸柱。整牆木作淺淺地嵌住床頭，內藏間照可充當睡前的閱讀燈。至於全屋最明顯的兩處凹牆，全都是因為公寓樓梯間所形成。在主臥床尾的凹入處，沿著走道牆壁來增設一道電視牆，牆後即為走入式更衣間。另一處凹牆則介於玄關進入客廳的右側。利用牆體凹入約一米的深度，來規劃玄關鞋櫃與儲物櫃。

擴大陽台，增加一處可遊可賞的休閒區

面對港口的後陽台，原先深度僅有七十五公分。翻修時將隔牆內縮，使寬度擴充近三倍，並裝設可升降的電動百葉來取代鐵窗，這兩個動作不僅大幅減少西曬帶來的酷熱，雨天也不必因為關窗而影響通風。空間變充裕了，還可擺放桌椅，供人坐在這裡賞景、聊天。設計師並進一步地美化陽台，讓它本身成為值得欣賞的一個景。

女兒牆與地坪貼覆義大利進口岩磚，相同材質能使地坪看來有延伸感。陽台角落的洗衣房隔間短牆貼上鐵灰色的玄武岩天然石，右牆內襯型用鋼構件補強的立面，則用南方松實木板材修飾。打造了充滿自然質樸風的背景，接著再進行綠化。女兒牆外栽種一排綠籬，牆角擺上大型盆景。可遊可賞的休閒陽台，再度提升這棟老公寓的價值感。

老屋裝修小知識

Q：在陽台裝設電動節能百葉，如何兼顧防盜與美觀？

A：其實，傳統的鐵窗防盜效果很差，細鐵柵很容易被慣竊剪斷。等到有火災需緊急逃生時，鐵窗卻往往阻斷求生之路。現今市面有不少可防盜的窗材，這棟老公寓選擇安裝電動節能窗，主要是為了窗景。這種窗材可做出較大的跨距，讓客餐廳望出去的視野不會被一個個窗框給破壞。當然，電動節能窗的鋼鋁合金百葉結構很堅硬，簾幕底部也能緊密地扣住窗框，讓小偷很難剪斷或橇開。由於這陽台的女兒牆呈 L 型，南側的短邊也要裝上節能窗，以免整個陽台的防盜機制會出現漏洞。

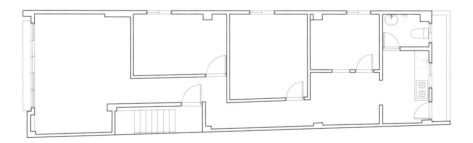

Before 平面圖

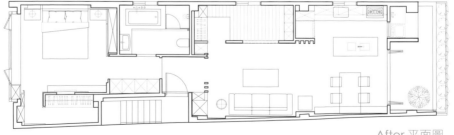

After 平面圖

之前之後對照一覽

Before

After

客餐廳

原先的格局在屋子中段接連地配置三間臥房，再用窄長的走廊來串聯全室。從大門入口往右看去，通往餐廳的走廊還拐了個彎，嚴重地遮擋採光。**改造後，這段廊道成了客廳的一部份**（現今的沙發位置），並與餐廚、陽台融為一個享有海港景觀的大空間。

臥室

站在大門往左看，是一條長三米、寬一米的走道。拆掉臥房隔牆，重新隔出一間衛浴，新牆往後縮約半米，這條通道因此變寬，還有餘裕在側牆配置整面的儲物櫃。**大型櫃體藉由上下透空輔以間照的手法來輕化量體**，櫃門貼鏡面則可消弭窄迫感。

陽台

先前的後陽台相當窄長，橫亙眼前的鐵窗也讓美景大打折扣。改造成寬敞的觀景陽台，可供人拉張桌椅在此喝咖啡。女兒牆裝設的**電動節能窗可整個收到頂端**，讓大片窗景毫不保留地映入眼簾。

衛浴

此屋在改造前後都只有一間衛浴。它原本設在屋
子後方的角落，因與廚房瓜分同一區塊而窄小到
只能配置洗手台、馬桶跟淋浴龍頭，每次洗澡必
定弄濕全屋。**將衛浴拉到主臥與玄關當中，無論
從屋子哪個方位都能很快抵達**。此外，新的衛浴
間是原先的兩、三倍大，不僅乾濕分離，還有個
大浴缸。

廚房

原本的一字型廚房，傳統的水泥廚台很短，無論
水槽或料理檯全都比標準尺寸來得小。更糟的
是，廚台的對牆或側牆完全沒空間配置櫃體，鍋
碗瓢盆只能往餐廳堆放。將廚房移位、轉向並改
為開放式設計，**廚台拉長了將近兩倍**，連同多功
能中島變成雙面可用的烹飪空間。當然，儲物機
能也不知增強了多少倍，還能配置大台的冰箱。

重點施工流程

❶ [結構工程]

這間老公寓不知是因為當年偷工減料，還是由於長年遭受海風侵襲的關係，總之，靠港的陽台在樓板邊緣出現水泥崩裂、鋼筋裸露且鏽蝕的問題。鋼筋一旦生鏽，結構承重就亮起紅燈。因此，在裝潢前得先修補好這裡。設計師為求安全，不僅補強了露出鋼筋的天花板，也加強其下方的側牆；甚至，連陽台地坪也做植筋，以防樓下住戶的陽台頂板會有相同問題。

Step1

陽台的頂板已風化，外露的鋼筋已鏽蝕。

Step3

原有的側牆也以鋼構件來加強結構。

Step2

設計師檢視過風化情況，決定補強這區的結構。

Step4

陽台頂板包覆鋁合金企口天花板內嵌照明、側牆裝飾南方松木板，這兩樣都是耐候性極強又有美感的面材。

❷ [造景工程]

Step1

遷走衛浴間跟廚房,陽台內縮後,重築磚造短牆與落地窗的門框。磚牆後方是擺放洗衣機與水槽的小型洗衣間。

Step2

玻璃折門可向兩側收攏到完全看不到的程度。女兒牆裝設電動節能窗,百葉可調整角度,從此不怕午後西曬的酷熱。

Step3

拉深後的陽台,天地壁都貼覆耐候的壁材。灰色玄武岩石牆的後方就是洗衣間。

❸ [水電工程]

基於使用動線的合理性，將衛浴間從屋子最後方的角落遷移到中段的位置，光是馬桶就北移了超過八公尺。由於新的衛浴間位於完全沒有進、排水管線的區塊，得銜接舊有的管線再拉出新的配管。自來水的進水管較無疑慮，排水則要留意洩水的斜度；但只要有拉出斜度，水管的洩水多半沒啥問題。最需花心思的是馬桶的糞管。倘若糞管的洩水斜度不足就很容易堵塞。屋主雖看不到糞管，但若糞管沒配置好，絕對會影響到居住者的日常生活！因此，遷移衛浴設備的案子，糞管該如何拉出有足夠斜度，這就很考驗設計師的功力。

Step1

拆掉全屋的隔間牆，重新調整格局。

Step3

完工後的新廁所，乾爽、舒適的環境讓人完全不會想到管線的問題。圖左玻璃牆後是濕區的淋浴間。

Step2

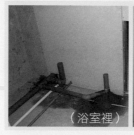（浴室裡） （客房裡）

選用埋壁式馬桶，讓糞管在起始處變得比較高，因此地板不必墊得很高。圖中，牆面已埋入馬桶的水箱，藍框底端中央黑色部份就是糞管的接口。

老屋裝修
小知識

Q：聽說，衛浴間移到新位置得墊高地板以製造洩水的坡度；此案為什麼能長距離地遷移衛浴間？

A：關鍵就在馬桶的種類！當馬桶要變動位置時，新的糞管也得經過原先的糞管來衛接整棟建物的化糞設備。一般的接地式馬桶，糞管理在水泥地板裡；因此，當遷移超過一定距離，就得透過墊高地板（墊高馬桶）的方式來製造糞管的斜度。而此案之所以能跨長距的遷移衛浴空間，是因為一開始就選用埋壁式馬桶，糞管的起始位置比較高。因此，即使馬桶移動了八公尺之遠，也不必擔心斜度會不夠。另，廁所隔鄰的客房，為了遮蓋走明管的排水管與糞管而鋪設架高木地板與收納櫥櫃安排。

房屋基本資料

- 12 坪
- 公寓
- 2 人
- 1+1 房 1 廳 1 衛
- 30 年屋齡
- 主要建材：鋼刷梧桐木、系統櫃、油漆、超耐磨地板、南方松、板岩
- 蟲點子創意設計 ・ 鄭明輝

THE COUPLE LOVE WORLD

整合牆面機能，
十坪狹長小窩大翻身

　　這間位在一樓的三十年老房子，是屋主要結婚時，老人家整理好送給他們當新房使用。但是才新婚不到半年，整個空間就因為堆滿生活中的雜物而顯得雜亂。雖然門口有塊小小的騎樓可兼停車位，但傳統的長型街屋形式再加上實際只有十二坪的空間，實在不夠用，只好找來專業的設計師幫忙。

老屋狀況說明：

　　如大而無當的玄關區將客廳擠到房間裡、每次都要隔著洗衣機煮東西等等，生活就在惡性循環中度過。十二坪大的狹長型街屋，僅有前後採光，再加上三十年的屋況，中間還隔兩間房間，後面為廚房、衛浴，更顯空間侷促且昏暗無比。隨著生活而添加不同形式及大小的活動櫥櫃收納，更讓空間顯得雜亂不堪，於是收納空間不增反減……甚至整個生活機能完全被扭曲，相信是每個「家」所遭遇的困擾吧！更別提到，一樓空間常會遇到的地潮，導致物品容易發霉或壁癌等問題。

老屋問題總體檢：

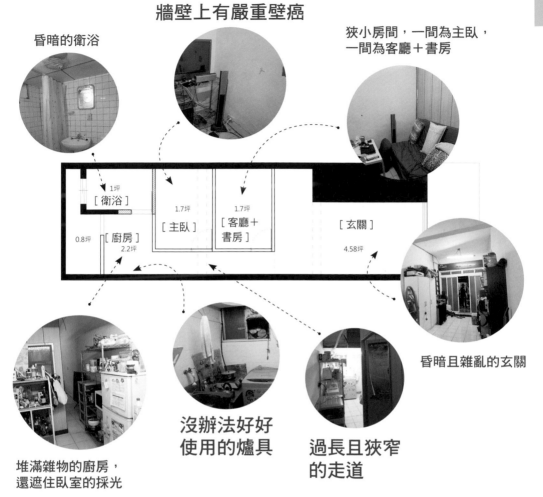

牆壁上有嚴重壁癌

昏暗的衛浴

狹小房間，一間為主臥，一間為客廳＋書房

1坪 ［衛浴］

1.7坪 ［主臥］

1.7坪 ［客廳＋書房］

0.8坪 ［廚房］ 2.2坪

［玄關］

4.58坪

堆滿雜物的廚房，還遮住臥室的採光

沒辦法好好使用的爐具

過長且狹窄的走道

昏暗且雜亂的玄關

最困擾屋主的老屋問題：

格局不佳，導致生活機能被扭曲	●●●●●	因門口堆滿家人雜物，導致其中一間房間被當作客廳及書房使用。並且沒有餐廳，要窩在客廳吃飯，每次讀書及工作要擠在角落處理，爐具因卡著洗衣機，都不能好好使用。
採光不佳	●●●●○	因為位在一樓再加上前後被鐵門及牆圍起，使得白天也要開燈才行。
收納不足	●●●○○	家裡實在太多東西，導致走到哪裡都會撞到。
管線更新	●●○○○	30 年老房子希望管線更新，安全為上。

屋主想要改善的項目

① 希望能有正常的生活模式，別再擠來擠去地遷就過生活。

② 希望有自然採光進入，空間明亮且寬敞。

③ 收納多一點，並希望能將所有物品都隱藏起來。

④ 全屋管線全面更新。

溝通與協調 Communication and coordination

 溝通協調後的設計師建議

1 將所有空間機能全部集中在一側，如鞋櫃、電視櫃、衣櫃等等，釋放最大的使用空間。

2 不做隔間，**改以地板的高低差來區隔空間定位**，同時未來也可以運用拉門或落地簾來做彈性區隔，較為方便。

3 因年輕屋主預算有限的情況下，建議用部分系統櫥櫃取代木作，省掉油漆與烤漆費用。

4 三十年以上的老房子，為安全起見，全部水電要重新拉管，並確認迴路及開關安培數等。

5 原有廁所加大，嵌入式浴缸、乾溼分離、四合一，讓衛浴空間更乾爽，舒適。

老屋裝修
小知識

Q：老屋裝修小知識：老屋的配電及迴路如何計算？

A：三十年以上的老房子的配線多為 1.2mm，早已不負使用，因此一定要全面改為 2.0mm，並且最好依屋主使用習性、家中電流量大小及空間去設計迴路，並加裝配電盤上的系統零件，像是無熔絲開關、穩壓器、漏電斷路裝置等。另外，電線主迴路也建議擴充到三十安培，並依需求分為四～六個迴路，每個迴路最大容量為十五安培。

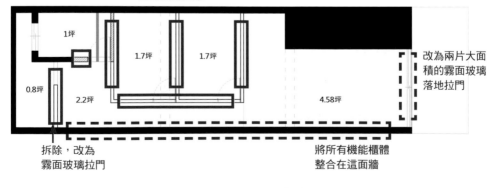

將所有的房間及衛浴隔間去除

1坪

1.7坪　1.7坪

改為兩片大面積的霧面玻璃落地拉門

0.8坪

2.2坪

4.58坪

拆除，改為霧面玻璃拉門

將所有機能櫃體整合在這面牆

■拆除　■增新牆　■其他　　Ing 平面圖

After and results

改造成果分享

開放式設計整合空間機能，僅用高低差地板界定

　　由於傳統的長型街屋，狹長的空間讓動線及隔局都難以規劃，但因為屋主的需求不多，僅要求收納及明亮的空間設計，因此在與屋主充分溝通後，決定用開放式設計處理整體空間，從玄關、客廳、餐廳兼書房、主臥至廚房都沒有隔間，僅衛浴空間保留實牆隔間。

　　並運用地板高低差及不同材質來區隔空間定義，如從騎樓的南方松延伸進來的架高玄關地板，然後降五公分為餐廳至客廳的區域，至主臥則再升高十公分一直延伸至廚房及後陽台。

整合櫃體在同一牆面,將空間釋放

　　然後在機能上,將所有櫃體集中在空間的同一側,以釋放出最大空間,避免製造出過多無用的走道坪效。從一進門開始,鞋櫃、書櫃、電視櫃、衣櫃、廚具櫃,整合在同一道牆上。並透過櫃體的機能設計做深淺變化及表面材質的相互搭配,如六十公分深的玄關櫃用白色烤漆,搭配四十公分深的梧桐木書櫃及電視櫃形成,而電視機體櫃則下沉至木地板上延伸至主臥區,也便於整理,然後再接六十公分深的衣櫃及廚具櫃。於是利用這些櫃體做出虛實切割,碎化整排高櫃的壓迫感,同時也製造出視覺的層次感。

利用梧桐紋路及櫃體溝縫線條，為空間帶來表情

由於空間小，因此天花設計趨向單純化，僅用線條及燈帶引導視覺貫穿至後方。客廳區的沙發更是量身訂製，讓空間比例趨於完美。簡單的餐桌定義餐廳位置，同時也是書桌。

於是整個空間的視覺焦點，便落在櫃體上，透過梧桐木櫃體的自然肌理，以及書櫃與玄關櫃的櫃體穿插細部，還有刻意做深的層板書櫃，讓屋主在放書之餘，還可以利用前端空間放置一些小玩具、公仔或旅行時的紀念品。而櫃體溝縫的暗把手及櫃體中間的小平台，讓屋主可以放手機放鑰匙放植栽放裝飾品，也讓櫃子變化出更多表情及層次。

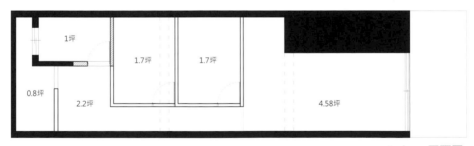

Before 平面圖

After 平面圖

之前之後對照一覽

Before

After

客廳

原來入口堆滿雜物的地方，在經過巧手規劃後，變成玄關、餐廳兼書房及客廳，**所有收納機能也全部靠牆面放**，讓空間顯得更寬敞，而且加大落地窗的設計，讓前面採光得以進入室內。

主臥

原本的 **1.7** 坪要規劃主臥的床，又要擠下電視設備，實在有限。但改造後的空間，採開放式設計，僅用地坪區隔空間界定，讓主臥可以更顯寬敞，**無隔間設計**，讓人躺在床上也能觀看電視，十分便利。

餐廳
兼書房

原本的書房是擠在房間的小角落，透過開放式設計，**將書房與餐廳結合**，擺放在客廳與玄關之間的轉圜空間，並搭配由鞋櫃延伸至電視櫃的中間空間規劃書櫃，讓機能及功能、美感兼備。

走道

過長的走道及隔間，使空間昏暗，透過開放式設計，並**將機能集中在一側**，使空間解放出來，將走道也化成無形，不但壓迫感全沒了，連空間也變得更為明亮！

浴室

傳統潮溼昏暗的衛浴，在透過加大後，不但可以**容下嵌入式浴缸**，並做乾溼分離，以及全室板岩設計，讓衛浴空間更有質感且舒適。

廚房

由於屋主年輕，且在家開伙的機會也不大，因此廚房不用大，透過簡單的一字型廚房設計，**整合在衣櫃旁**，就可以滿足使用機能。至於洗衣機，就讓它到後陽台去吧！

重點施工流程

❶ [木作與系統櫃結合的施作工程]

木作及系統櫃各有各的優缺點，如木作造型活潑靈活，但施工費高；系統櫃較制式化，但費用較低，且可以省掉油漆的費用及時間，大大縮短工時等等。因此如何結合兩者的優點在空間展現，挑戰設計師的功力。本案因為預算的關係，因此建議屋主部分用木作，部分用白色系統櫃及廚具做結合，將機能統整外，透過櫃子的交錯安排及顏色搭配，讓整面牆不只是機能櫃，也兼具美感。

Step1

泥作退場後，木作進場，先處理需要造型及特殊設計的電視櫃、玄關櫃、書櫃、天花板及架高木地板。

Step2

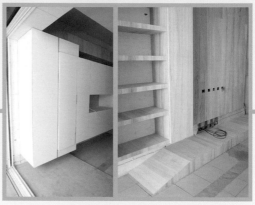

玄關系統櫃 60cm 深，並是書櫃的支撐面，所以先做筒身，而裡面的層板則是用系統櫃及五金搭配省預算。

Step4

木作完成，上完漆後，做保護工程，以便進行其他施工。

Step3

木工可以呈現的 45 度斜角抽屜把手及門片的立面層次及溝縫把手。

Step5

廚具進場。

Step6

系統櫃進場。

Step7

系統筒身架好後，進入層板及五金門片架設。

Step8

櫃體結合完成。

房屋基本資料

- 50 坪
- 獨棟透天
- 2 夫妻
- 2 樓 2 廳 6 房
- 20 多年屋齡
- 主要建材：梧桐木皮、台灣檜木（回收）、橡木皮、拋光石英磚、海島木地板
- 六相設計 · 劉建翎

THE COUPLE LOVE WORLD

退休兩夫妻的
量身訂做世外桃源

　　屋主是一對剛退休的夫妻，房屋為新購入作為退休自住用，所以自然得重新翻修一遍以符合兩人需求。因兩層樓加起來有 50 多坪大但僅有兩人居住，所以希望每個行為場域都儘可能的可以互相串連互動，讓兩人的生活作習不會因為空間過大而造成隔離或疏遠。

老屋狀況說明：

　　此老屋是位於新店山上的獨棟別墅建築，有種置身郊區的寧靜感。

　　老屋的坪數不小，兩層樓加起來約五十多坪。一樓戶外有造景，客廳也有落地的大窗，但由於隔間過多而且空間配置不當，屋內許多角落一樣沒有光線而顯得陰暗。另外因為在山上，潮溼問題相當嚴重，尤其是一樓，許多牆面都有壁癌，大理石地磚也都佈滿水痕。

老屋問題總體檢：

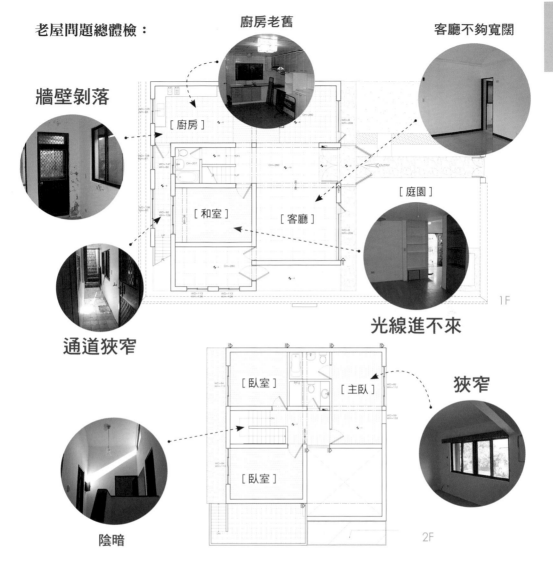

廚房老舊

客廳不夠寬闊

牆壁剝落

[廚房]

[和室]

[客廳]

[庭園]

1F

光線進不來

通道狹窄

[臥室]

[主臥]

狹窄

[臥室]

陰暗

2F

最困擾屋主的老屋問題：

格局	●●○○○	一樓隔間太過零散，兩人使用上並不實用，另外廚房和餐廳的設置相當傳統，在最裡側最潮濕陰暗的位置。
採光	●●○○○	雖然原屋的客廳有整面的落地窗，但是因為隔牆過多，只有客廳是明亮的，而光線沒有分散到其他空間，整體還是給人陰暗的印象。
潮濕	●●○○○	因為位在山上，潮濕本來就蠻難避免，一般老屋常見的壁癌問題等，在此屋中更為嚴重，另外地板也有潮濕的問題無法繼續使用。

2. Couple 愛的小屋風格翻新大不同　77

屋主想要改善的項目

1 希望在做自己手邊事的時候,也可以隨時看到另一半。
2 先生要有植栽的發揮地方,太太則要有專屬的琴室。
3 餐廚希望移到房屋接近中心的位置,並改採開放式。
4 希望室內各空間光線都要充足。
5 能依兩人的喜好量身塑造風格。

溝通與協調 Communication and coordination

溝通協調後的設計師建議

1 為滿足屋主希望時刻交流的願望,設計師覺得最好的方法就是**盡量減少屋內的隔牆**,讓視線可以穿透而不受阻礙;像是在客廳沙發坐著就可以看到廚房中做菜的另一半,太太在琴室練琴也可以看到先生在餐廳中用餐等等,不會有各自悶著頭在密閉空間中做事的孤獨感,隨時可以看照另一方也比較放心。

2 設計師為喜歡種花種草的先生**重新安排了庭院的造景**,依先生的偏好量身訂做,並建議填掉不好照顧、容易不衛生的水池;室內則在連接二樓的樓梯下方,設置了美觀且方便照顧的水晶植栽。太太的**鋼琴室放在一進大門的位置**,旁有休息室可以讓來學鋼琴的學生休息,鋼琴室特別設成冷房,能夠調節溫濕度,是為百萬鋼琴的專屬設計。

3 「以餐廚為家的中心」的設計是近年室內裝潢的趨勢,本案也是一樣,為此大大更動了舊屋的餐廚位置,並改成**全開放式設計**。

4 回應第一項,當室內隔牆減少,室內光線也比較不會受阻礙而直接穿透,**整體提升室內的明亮度**。

5 溝通之後,發現兩夫妻喜歡**質樸自然的裝潢風格**,此風格正好是近年來流行且很能帶出質感的方向。

老屋裝修 小知識

Q：家中有鋼琴，室內裝潢時需要注意什麼？

A：鋼琴有七成由木材組成，而木材跟人體一樣，會隨著室內溫、濕度升降而起相應的變化，經常驟升驟降會損害鋼琴的壽命。平時應保持室內之溫、濕度穩定，理想濕度為 20℃至 23℃，而相對濕度為 60%至 70%。

因此家中有鋼琴時，需要特別留意鋼琴房的空調設備，以維持對鋼琴最佳的保養溫濕度。另外，有些人會特地加裝隔音牆來作隔音。

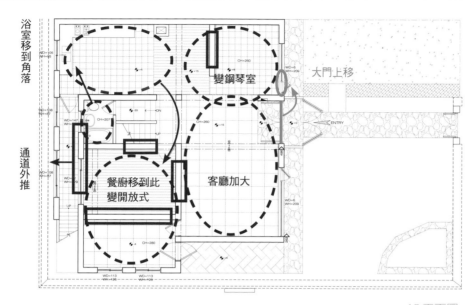

浴室移到角落

通道外推

大門上移

變鋼琴室

餐廚移到此變開放式

客廳加大

1F 平面圖

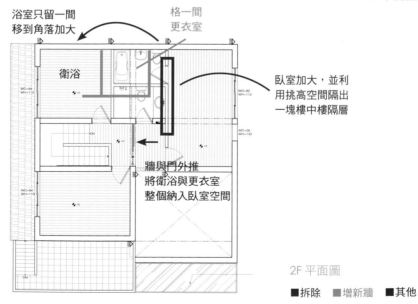

浴室只留一間移到角落加大

格一間更衣室

衛浴

臥室加大，並利用挑高空間隔出一塊樓中樓隔層

牆與門外推
將衛浴與更衣室整個納入臥室空間

2F 平面圖

■拆除　■增新牆　■其他

After and results

改造成果分享

更改大門入口，180 度空間大翻轉

不同一般家庭一進門是客廳的格局，此戶一進大門，迎面而來的是太太的豪華鋼琴室及學員休息室，一旁才是擁有整面庭園景觀玻璃牆的客廳。這樣的優點是，客廳成為比較私領域的區域，而琴室因為偶有學員出入，放在最外側也比較合適。餐廚從最靠裡側移到客廳旁的房屋中心位置，浴室則改到裡側，整個空間依使用者需求進行大挪移。

鋼琴專業 · 植栽興趣

　　屋主太太現在還是持續教授鋼琴，家中的琴室就是最佳的鋼琴教室，緊鄰的客房沙發床平常收起就是沙發，可充當學生的休息室。鋼琴室和客廳間設置了一整面鋁框玻璃拉門，特別創造鋼琴室的冷房效果，維持百萬鋼琴的最佳溫、濕度，另外天花板裡還另加裝了一台吊隱式的除濕機，配合落地式的除濕機一併使用。

　　先生的興趣則是種植物，室外的一片綠地正好是先生夢寐以求、大顯身手的場地，客廳外的造景全部重新做過，水池則因為照護不易而建議填掉。另外屋內還設置了具裝飾效果的水晶植栽。

山上的潮濕大作戰

　　一樓舊的大理石地板因為山上潮濕的關係，佈滿了水痕，整個打掉重鋪拋光石英磚，二樓臥室則是用海島木地板，並裝設有地暖設備，以應付山上冬天的低溫。

　　一般公寓碰到壁癌問題時，如果棟距太小會較難完善處理而只能消極防堵，此老屋的壁癌處理是完整的內外施作，徹底改善了老屋的潮濕狀況。

少了隔間，讓人更親密──全開放式的互動場域實現

　　一樓拆掉了三、四道牆，廚房、餐廳不僅位置大位移，並改造成全開放式的中島廚房。畢竟做菜的時間長，一個人在小廚房埋頭苦幹是蠻悶的，移到房屋中心之後，做菜變成最快樂的事情，環境優美之外，隨時可以看到另一半，就算對方也在做自己的事，也有陪伴的效果。

　　一樓的牆面幾乎全拆完，有些不能拆的零碎牆面（承重牆）和樑柱，為免在全開放式環境下顯得突兀，巧妙地裝飾成室內裝潢機能的一部分（神明櫃、CD 櫃等）。

真正迎光線進入屋內各個角落

　　一樓接二樓的階梯，保留原踩踏部分的架構，而將舊扶手拆掉改成開放式的，營造出視覺上的開闊感，要讓光線更能穿透，使樓梯空間明亮。

　　二樓的部分，將原先有些浪費的大梯間改小。斜屋頂上的紅瓦改成採光罩

　　主臥的窗戶改為更大扇的落地窗。

讓老年生活更舒適

　　屋主五十多歲就退休了，不過這間養老的老屋還必須陪伴兩夫妻渡過數十年的光陰，不得不預想年老後的生活。在設計師的建議下，屋內兩層樓的所有走道都有特別做了加寬的設計，以防以後如果有需要用到輪椅或行走器通行時使用。

老屋裝修
小知識

Q：什麼是水晶植栽？
A：水晶植栽是指用水晶土栽種的盆栽。這種水晶土廣泛運用在裝飾、園藝、盆栽，因為其衛生、美觀，又能長期保水不需經常管理的特性，常見在室內使用。
　　水晶土實際上是一種營養添加劑，經過加工後成形，是一顆顆晶亮透明的水晶粒狀，並呈現五顏六色。主要原料為澱粉、纖維素、海藻膠等天然植物提取物。水晶土具有高度的保水保肥能力，可持續為植物提供水分和肥料，富含植物生長所需的氮磷鉀肥和珍貴的稀土元素。

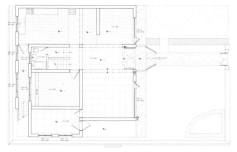

Before-1F

After-1F

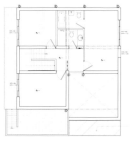

Before-2F

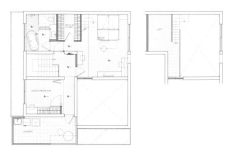

After-2F

之前之後對照一覽

Before

After

客廳

窗戶換成一整面的大尺寸，變身為**更明亮更具寬敞視覺效果**的客廳，屋主大滿意。

餐廚

一掃陰暗封閉的廚型，客廳的大窗直接為餐廚空間帶來明亮採光。

樓梯

光是將樓梯扶手改為**鏤空式**，就讓梯間的明亮度和印象不大同。

主臥

主臥窗戶改大，床尾的梳妝台專屬太太，而一旁新加的**挑高隔層**則是先生的祕密基地。

重點施工流程

❶ [拆除工程]

客廳與餐廚空間之間拆除牆做開放式。

後方通道。

❷ [零碎牆面應用]

為怕留下來的零碎牆面和樑柱在開放空間中顯得突兀，設計師巧妙地將
其裝飾成室內裝潢一部分，照片中左邊牆面上的立櫃為 CD 櫃，而右邊
原木色的則為小型的神明櫃。

CD 櫃與神明櫃。

拉下之後，就變成小型的神明櫃。

❶ 舊家檜木隔牆變成新家客廳裝
飾牆面

　　台灣檜木因為稀少，是具有極高經
濟價值的高級建材。檜木本身具有濃郁的
香氣，還有不易被蟲蛀、千年不腐朽的木
材特性，很適合用做建材、傢俱、盆栽等
用途。在舊屋中遇到台灣檜木建材時，直
覺一定要留下這項珍貴的建材，至於要如
何運用在新裝潢中，需要規劃一下。

　　六相劉設計師的做法是，將此建材
小心拆卸下來，把原來的白色漆拋掉，呈
現木頭原來的質感與顏色，再細心裁切研
磨成一樣的大小，嵌入新屋的客廳主牆，
不著痕跡地展現出全新的原木風貌。

台灣檜木小檔案

　　紅檜與扁柏混合生長而成的樹木，稱為「台灣檜木」，多分布在海拔 1,500 ～ 2,150
公尺。全世界只有少數地區有生長，像是北美洲的東海岸、西海岸、日本和台灣等。台
灣位於檜木生長界的最南端，也是唯一擁有台灣檜木的亞熱帶氣候國家。台灣檜木能夠
傳承百萬年以上，是最珍貴的森林資源，目前發現最高齡的神木有 2300 歲。

　　台灣檜木是扁柏屬植物，本身具有濃郁的香氣，而且不易被蟲蛀、千年不腐朽，非
常適合被用做建材、傢俱、盆栽等用途，擁有極高的經濟價值。

　　因為從前的過度開發與砍伐，使累積 90 年只能長出 1 立方公尺的台灣檜木，有瀕
臨絕種的危機，現在政府已經明令禁止砍伐。然而，為了廣大的愛好者、收藏家，許多
業者會從廟宇或其它舊料回收再利用，讓珍貴的台灣檜木得以成為居家擺設的精品傢俱。

❷ 窗花變牆面裝飾

　　以前的老建築總是會有一些饒富設計趣味的窗花或是門板，曾經看似老氣，但是在復古潮流中也愈來愈多人像是挖寶似地發掘出這些老件再利用的可能性，除了一般住家，連咖啡廳等商業空間也興起這股風潮。

　　本案中，設計師便發揮了保留美學價值的精神，將有設計感的老窗框加工再利用，搖身一變新居的牆面裝飾。

❸ 匾額變茶几

　　因為是老家極具紀念價值的匾額，屋主怎麼樣都想要保留下來，但要如何融入新的裝潢設計中是個挑戰，像在老屋中一樣掛起來會有點突兀，後來討論出的結果是把實木的匾額做成茶几的桌面，安裝上桌腳後，就是客廳一張深具紀念價值又兼備實用性的桌子了。

房屋基本資料

- 30 坪
- 電梯大樓
- 年輕夫妻 2 人
- 3 房 2 廳
- 25 年屋齡
- 主要建材：磁磚、木紋磚、文化石、超耐磨地板、天然木皮、系統家具、系統板材、玻璃
- 浩室空間設計 · 邱炫達

THE COUPLE LOVE WORLD

Loft 咖啡廳風住家大實現，新婚夫妻美好未來的起點

　　買下這間老屋的，是一對年輕夫妻，Charles 和 Joyce 原本都在台北工作，後來擔任電子工程師的 Charles 因緣際會地找到一份有前景的桃園工作，兩人開始動了搬來桃園的念頭。這間老屋是兩人共組家庭的一個起點，兩人將自己各自的生活習慣和喜好融合在一起，並將這些想法注入裝潢，期待一個美好的未來。

老屋狀況說明：

　　當初會喜歡這間老屋，主要是地點離兩人公司都不遠，上班只需十～二十分鐘，離火車站也近；另外附近公園多，身處九樓的高樓層，每個窗戶看出去都是綠地，令人有置身自然的愉悅。此老屋格局方正，採光和通風都良好，標準的三房二廳格局，除了前後兩個陽台外，書房也有一個陽台。主臥室的窗戶旁有滲水需處理。除此之外，屋主對此老屋的條件已算蠻滿意。

老屋問題總體檢：

白牆白磚無風格

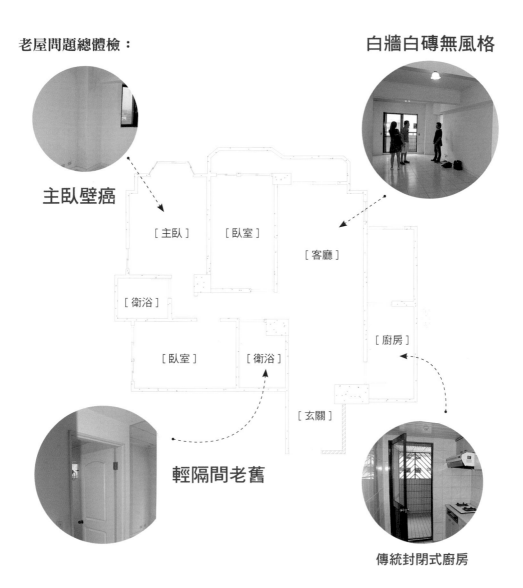

主臥壁癌

[主臥]　[臥室]

[客廳]

[衛浴]

[廚房]

[臥室]　[衛浴]

[玄關]

輕隔間老舊

傳統封閉式廚房

最困擾屋主的老屋問題：

壁癌	●●○○○	主臥八角窗旁有壁癌及滲水現象，用肉眼就可以看得出來白牆上的痕跡。
輕隔間	●●●○○	此棟大樓的所有隔牆都是隔音較差的輕隔間，而且輕隔間牆也比較沒有辦法釘掛重物。
格局	●○○○○	標準 3 房 2 廳格局，主要廚房一樣是傳統封閉式廚房，會讓在廚房作業中的人感覺較拘束。
風格	●●●○○	較無特色的白牆白磚印象。

屋主想要改善的項目

① 很喜歡待在咖啡廳,希望藉由裝潢,將家中營造出咖啡廳舒適放鬆的氣氛氛圍,以後在家待再久也不會膩。

② 臥室空間較小,要以機能收納功能為主,讓東西都能收好不外露;交誼及其他功能都拉到較寬敞的起居室。

③ 因為家中只有兩人,只需一間臥室,第二間房希望做成客房並預備給小孩房使用,第三間房則做成書房。

溝通與協調 Communication and coordination

 溝通協調後的設計師建議

1 關於屋主喜歡的風格,就是現今最流行的 Loft 風,客、餐廳的部分,設計師建議可以**用文化石仿磚牆塑造復古質感**,再以沉穩的大地色系色調裝飾其他牆面,家具的部分則以簡潔為主。另外,餐廚房建議做成開放式的空間,會讓家裡更寬敞,更有休閒放鬆的感覺。

2 主臥除了大容量的衣物櫃之外,另設置了**整面半身的儲物櫃**,希望使生活雜物都有歸位的地方,收納空間大幅提升,家中自然不顯雜亂。

3 房間共有三間,此部分**保留原有隔間不更動,在固定的空間中做妥善的使用規劃**。主臥室選擇做在最大、採光最好的一間,第二間較小的房間依屋主的希望做成客房,未來也可彈性留做孩子房使用,第三間書房內的沙發床在較多客人需要留宿時派上用場。三間房都以相同的悠閒舒適風格做統一,但畢竟是休憩的場域,用色建議較柔和不像客餐廳這麼強烈。

Q：磚牆與輕隔間有什麼不同？
A：
磚牆
磚造牆的優點在於隔音較好，可隨意釘掛櫃體或電視，但施工時污染性較高，價錢也
比較貴。
輕隔間
價格較便宜，重量較輕、厚度薄，較不會造成房間結構上的負擔，和空間上的浪費，
但缺點就是要釘掛重物時必須要另外加強結構。

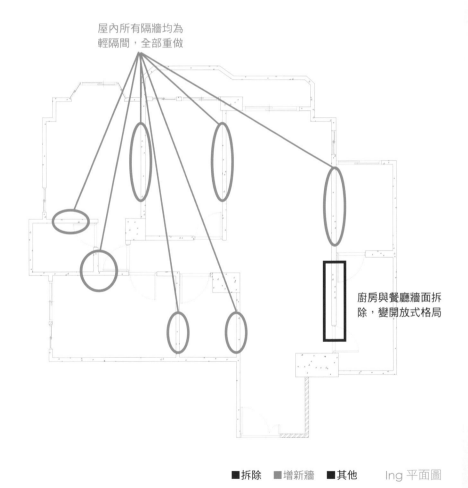

屋內所有隔牆均為
輕隔間，全部重做

廚房與餐廳牆面拆
除，變開放式格局

■拆除 ■增新牆 ■其他　　Ing 平面圖

After and results
改造成果分享

沉穩 Loft 風的經典之作

　　此案是典型的 Loft 風格，以深色調為全屋塑造沉穩、個性的感覺，設計師巧妙地以總共八、九種顏色運用其中，雖然色調豐富但是一點都不凌亂，而是讓觀者在和諧的同調色系中享受充滿層次的視覺感受，是相當富趣味的設計。

老屋裝修小知識

Q：最近常聽到的 Loft 風究竟是什麼意思？

A：Loft，字面上的意義是閣樓或倉庫，有種粗曠、自然的藝術氛圍。

通常，Loft 會是隔間少、沒有特定空間劃分的開放空間。Loft 空間有相當大的靈活性，能夠不被已有的結構或物件限制住，隨心所欲地創造出自己夢想中的居家生活空間。

舒適放鬆的起居室

　　客廳主要的焦點在文化石復古磚牆，從客廳電視牆面一直延伸到整個餐廚空間，都是使用深色復古色的文化石，營造出相當有懷舊風味的感覺。電視櫃、層架，還有沙發和地毯都是造型相當簡潔的設計，以襯托出牆面，另外英倫風的三層抽屜櫃也有畫龍點睛的效果。大地色系牆壁與木紋地板相當調和，儼然是一個讓人舒適、放鬆的居家空間。

老屋裝修小知識

Q：什麼是文化石？

A：文化石在 Loft 風或鄉村風的室內裝潢中常見，仿石材做出外露磚牆的粗獷風格，是近年來很流行的室內裝潢建材。

顏色種類有磚頭原始的磚紅色、或者接近石材的灰紫色等。由於文化石磚的表面是粗糙面的、如石灰岩一樣、吸水率是高的，所以希望呈現白色牆面時，可以選取白色的油性漆直接上色。

沒有隔間的大空間

　　沒有人喜歡在壓迫狹小的空間久待，寬敞的大空間是人感覺舒適的一大因素，因此在居家空間的規劃上更是以此為目標。這間屋子從大門一進來，就可以直接看到餐廳，並一直線透視進客廳空間，讓人感覺直接而舒暢，讓兩個空間連成一個大空間，不論在視覺上或是實用性上都很夠份量。另外從餐廳位置往裡看，也是一直線可以看到裡側的開放式廚房。

愈來愈簡潔的家具，一掃人們對過度精緻化的厭倦

　　不論是置物層板、電視櫃，還是書架、儲物櫃，全部都是採取簡單設計造型，設計師認為，其實只要質感是對的，簡單的家具反而比精緻的家具更能烘托出空間的氣質，尤其在 Loft 風中更明顯。退一步看整個裝潢的潮流也是如此，過度精緻化的設計已經不符合現代的潮流，忙碌的現代人在外面奔波一整天之後，希望回家的巢應該是簡單而溫暖的，讓人的感官和精神都能徹底地卸下包裝，更自然更舒適。

完美開放餐廚實現

　　餐廳上方設計師設置了裝飾性的不規則木條，讓餐廳空間不會流於太單調，又能有區隔客、餐廳空間的功能。廚房的上下方廚具採用深色木紋櫃體，中段的排油煙機與用具、掛勾等則帶出不銹鋼的金屬現代感，復古與現代的結合不但沒有衝突感反而具有前衛的美感。

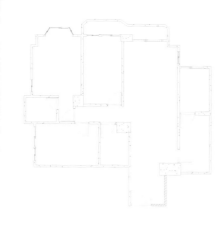

Before 平面圖 　　　　　　　　　　　　　　After 平面圖

之前之後對照一覽

Before　　　　　　　　　　　**After**

客廳

原來是再普通不過
的白磚白牆。**風
格強烈的牆壁和
地板處理**讓客廳
一百八十度大轉
變。

餐廳

將廚房的**隔牆打
掉**，和餐廳變成開
放式的一整個空
間。

主臥

休憩之外，善加利用空間做**隱藏式收納**，讓雜物有效歸位。

客房

簡單設計的客房，不同的牆壁色系，一樣延續整間屋子的 Loft
氛圍。

書房

將窗型冷氣孔補起來，換上分離式
冷氣；**深綠的牆面與木紋地板相映
照**，帶出書房的氣質，透過百葉窗
陽光從陽台柔和地灑進室內。

重點施工流程

❶［隔牆工程］

Step1

將舊的輕隔間拆掉。

Step2

重新架 C 型鋼。

Step3

鋪上隔音棉。

Step5

完成前的最後處理。

Step4

最後上矽酸鈣板。

❷［貼磚工程］
二丁掛

Step1

戶外二丁掛的修補。

Step2

貼時注意間隙的一致。

文化石

Step1

水電管線需先配置好再貼磚。

Step2

文化石多貼橫向並錯落,仿砌磚型態。

壁磚

Step1

平整地塗覆黏著面。

Step2

留意平整度。

Step3

磚較大片但仍考驗技術。

老屋裝修
小知識

不同磚的貼法。

- 文化石→屬於裝飾效果的磚石,使用**益膠泥**做黏著劑,可直接貼在水泥牆上,或者貼在原有的平整磚牆上也是可行。
- 壁磚→需要上**水泥 + 海菜粉**,來固定在牆上。

Before

房屋基本資料

- 24 坪
- 公寓
- 2 人
- 3 房 2 廳 1 衛
- 30 年屋齡
- 主要建材：清水磚牆、拋光石英磚、超耐磨木地板、軌道燈、玻璃、木皮
- 尤噠唯建築師事務所・尤噠唯、林佳慧

The Couple Love World

解除多樑柱的壓迫感，
享受有高度的優閒生活

　　因為要結婚，所以年輕的屋主兩人每天都在看房子，在預算有限的情況下，終於看上這棟屋齡超過30 年的國宅。由於前屋主之前裝潢過，而且屋況保持得不錯，再加上附近的生活機能及未來孩子的學區都十分好，因此屋主第一眼就喜歡上，決定要在此成家立業。但由於樓板很低，讓人感到壓迫外，對於房子隔局，屋主也有自己的想法，因此找來專業的設計師協助。

老屋狀況說明：

　　由於前屋主保養得很不錯，再加上位在十六層樓高，無論通風或採光都還不錯，因此並沒有老屋常見的壁癌或漏水問題。但是由於是國宅式的集體住宅建築，樑下十分低，僅220 公分而已，讓人一進空間容易感到壓迫感。

　　雖然是標準的三房兩廳，但才二十四坪的空間格局來說，每一房間都小小的，當未來有小孩後，在使用上會十分不便。另外，雖然每間都有採光，但外推凸窗都小小的，反而有距離感及壓迫感。另外，雖然前屋主有裝潢過，但是為安全起見，仍建議全室的水電管路更

老屋問題總體檢：

**走道太長，
使過道昏暗**

管線過多

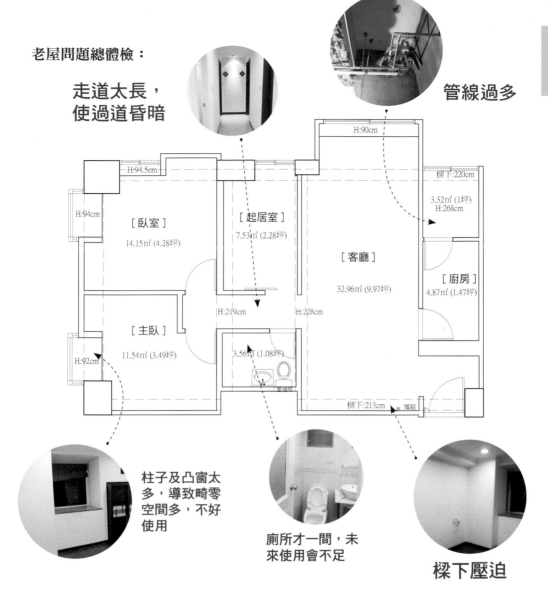

H:90cm

H:94.5cm

H:94cm

樑下:220cm

3.32㎡ (1坪)
H:268cm

[臥室]

14.15㎡ (4.28坪)

[起居室]

7.55㎡ (2.28坪)

[客廳]

32.96㎡ (9.97坪)

[廚房]

4.87㎡ (1.47坪)

H:219cm

H:228cm

[主臥]

11.54㎡ (3.49坪)

3.56㎡ (1.08坪)

H:92cm

樑下:213cm　電箱

柱子及凸窗太
多，導致畸零
空間多，不好
使用

廁所才一間，未
來使用會不足

樑下壓迫

最困擾屋主的老屋問題：

樑低、柱子多	●●●●○	感覺十分壓迫，再加上畸零空間多，不知怎麼運用才好。
廁所不夠用	●●●○○	考量未來還有孩子會加入的問題，希望能多一間廁所，方便使用。
房間格局不佳	●●●○○	雖然是標準的三房兩廳，但每間都小小的，希望能有間開放廚房及書房，同時主臥能大一點。
凸窗多	●●○○○	雖然每間都有窗，採光不錯，但是凸窗都小小的，反而有距離感及壓迫感。

屋主想要改善的項目

1 希望整體空間看起來更為寬敞,不要有壓迫感。

2 希望能多一間衛浴,並有開放式廚房及一間書房。

3 考量小 BABY 的到來,顧及嬰兒車在空間裡的移動便利及未來小朋友爬行安全,希望地板要平。

4 收納要充足,尤其屋主擁有上千片 CD。

5 因為前屋主屋況保持不錯,因此想用最少預算施工設計。

溝通與協調 Communication and coordination

 溝通協調後的設計師建議

1 此舊屋翻新案的現場狀況在於,每個房間既有的外推凸窗都有過高的問題,在地處高樓、景觀佳的條件無以發揮的情況下,因此提出了整室架高的想法。樑下十分低,僅 220 公分而已,讓人一進空間容易感到壓迫感,因此在討論後,**決定不做天花**,改用時下流行的裸樑 LOFT 風處理。

2 雖然是三房兩廳標準格局,但原本的格局配置,導致走道長浪費坪效,中間採光不佳,因此建議**修改格局為二加一房**,並讓主臥大一點,方便未來照料小 BABY 時比較便利。並將書房改為玻璃隔間,未來可以視需求,搭配窗簾多一間彈性房間。

3 **將廚房隔間打開**,並從廚房牆面延伸出來的吧台檯面作為餐廳的桌面,也讓公共空間顯得更為寬敞。

4 原本的衛浴過大,因此**調整客浴的機能及大小**,將多出來的空間移至主臥,新增半套衛浴,符合需求。

5 既要兼顧居家使用的實用性,也不能忽略收納空間,是室內設計的一大學問,因此本案的諸多設計都暗藏玄機。例如床頭板,並非只有視覺美觀的功能,內裡皆為**大容量的收納區**。

6 本案原始的廚房格局為一字型,加上坪數不大,以及老屋初始功能不齊全的關係,根本**沒有多餘空間置放電器櫃**,才會造成廚房使用起來不順手的問題。其實只要妥善規劃,搭配合宜的廚具系統,就能輕鬆解決屋主困擾。

老屋裝修 小知識

Q：裸露天花板設計會比較便宜嗎？

A：答案是否定的。因為有天花板的裝飾，因此天花可以省掉批土及油漆，轉至天花設計上，而且管線可以用最短距離處埋串連。相較之下，裸露天花設計，必須批土及油漆外，為了美感，除了撒水頭受限於消防法規無法移動，其他所有管線，包括空調及水電管路，必須沿著牆角行走，多了管線耗材及烤漆費用，價格不見得比施作天花板還要低。

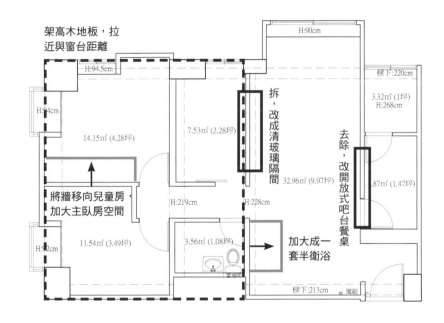

架高木地板，拉近與窗台距離

H:94.5cm

H:90cm

H:94cm

14.15㎡ (4.28坪)

7.53㎡ (2.28坪)

拆，改成清玻璃隔間

樑下:220cm

3.32㎡ (1坪)
H:268cm

32.96㎡ (9.97坪)

去除，改開放式吧台餐桌

將牆移向兒童房，加大主臥房空間

H:219cm

H:228cm

.87㎡ (1.47坪)

H:92cm

11.54㎡ (3.49坪)

3.56㎡ (1.08坪)

加大成一套半衛浴

樑下:213cm 電箱

■拆除　■增新牆　■其他　　Ing 平面圖

After and results

改造成果分享

架高地板讓視覺延伸，營造內外風景無距離

這個舊屋翻新的現場狀況在於，每個房間既有的外推凸窗都有過高的問題，在地處台北市十六層樓高處且景觀視野極佳的條件下，卻無法發揮，因此設計師提出了整室架高的想法，並透過此手法來調整「整個空間」的高度、比例，是本案的設計重點。

首先，是利用地板的階差，凸顯空間的主從關係，例如，藉由架高附屬在客廳旁邊的書房，作為客廳使用的延續，以強調客廳、書房空間既屬性獨立且相互依存的關係。

彈性及收納兼顧，實現多功能機能需求

其次，利用架高手法，實現多功能使用的機能需求。如架高的書房，將書桌移開或升降於架高的地板之下，就能多出一個平台或地坪，作為客房來使用的多功設計。架高地板之下做成收納櫃，也讓小空間能有大收納，且又不占空間的好處。同樣的設計手法也應用在小孩房裡。

透過架高地板，不但調整、拉近人所在高度與外推凸窗檯面的距離，讓原本不友善的窗面缺點，透過地板架高的方式，使室內室外的連結更緊密，且讓住在裡面的屋主，停留在調整過的坐臥窗台上，有了可以遠眺、發呆的機會。

Before 平面圖

After 平面圖

裸露天花管線設計，引導視覺動線行進

為了減輕建築體本身樓板低的壓迫感，因此全室採裸露天花板設計，意外形成視覺上的動線引導，例如從玄關進到客、餐廳時，透過裸露的天花管線、軌道燈具，搭配刷白磚牆掛上屋主的攝影作品，一回到家就有輕鬆、隨興的感覺。

廚房延伸出來的吧台檯面作為餐廳的桌面，不僅讓入口進到空間的動線更流暢外，這樣非正式的餐吧台設計，搭配客廳的黑色地磚與廚房深灰馬賽克立面，也在空間的連接與情緒的轉折上，多了一點輕鬆且有點個性的空間對應。

斜坡無障礙走道設計，行進私密空間更便利

此外，從客廳到架高書房的走道處理成斜坡，讓動線從公共的客餐廳，進到私密的臥、書房時，能有更加流暢的過渡性，未來有 BABY 時，更便於進出。而走道的盡頭處理清水泥牆，沉澱臥室休息的心情。而走道旁的書櫃轉角處更設置 CD 櫃，收納屋主收藏的上百片音樂 CD。

一杯茶、一本好書，放著輕鬆的音樂，搭配隨興的空間、流暢的動線、合宜的人體尺度，以及可與戶外自然連結的設計，整個空間想要營造出的不外乎就是，一種關乎生活品質、追求自然的生活方式；也是這個老屋翻新最有趣的部分！

之前之後對照一覽

Before

After

客廳

透過**將天花板打開裸露**，以及拆除書房及廚房的牆面，讓客廳空間變得既高挑又寬敞。

餐廳＋
廚房

傳統密閉式廚房的位置及動線十分尷尬，因此**將牆面打開**，改由吧台檯面作為餐廳桌面，不僅讓入口進到空間的動線更流暢，而且搭配客廳的黑色地磚與廚房深灰馬賽克立面，突顯出個性空間對應。

玄關

入口的轉折牆面十分突兀，因此**透過櫃體收齊壁面**，不但增加收納，也把低樑問題解決。而玄關櫃的鏡面門片還可以充當儀容鏡。

走道及書房

傳統的走道因隔間而顯得昏暗，透過**書房的牆面打開**，以及無障礙的斜坡設計，讓走道變寬敞又有變化，搭配清水泥牆端景，更能沉澱臥室休息的心情。

主臥

原本的小孩房改為主臥，並將牆面做調整，使得主臥不但變寬敞，並多一女主人喜歡的化妝桌台，而**架高地板設計**，也拉近床與窗台的距離，感覺躺在床上即可抬頭看星星。

小孩房

原本的主臥改為小孩房，透過**架高木地板做收納機能**，並且利用層板做書桌，窗台則可以坐臥其上，眺望台北市景觀。

重點施工流程

❶ [撒水頭管線變身 LOFT 風格天花]

受限於法規的關係，撒水頭管線並不能任意更動，因此面對低樓板不做天花的處理方式，就是淡化撒水頭，與軌道燈管，透過線條切割設計，把它也變成裸露天花管線的一部分。

Step1

拆除天花板後的裸露管線，紅色為撒水頭、銀色為熱水管、白色為冷水管。

Step3

Step2

灰色管線為電線。

僅局部空間需封天花，例如玄關、廚房等。

Step4

架設軌道燈。

Step6

保護軌道燈，並將所有天花管線噴漆處理。

Step5

調整撒水頭出水位置。

Step7

完成。

房屋基本資料

- 25 坪
- 電梯大樓
- 3 房 2 廳 1 衛
- 夫妻 +2 小孩
- 40 年屋齡
- 主要建材：超耐磨地板、進口復古磚、訂製木百葉、文化石、ICI 得利塗料
- 摩登雅舍 · 汪忠錠、王思文

The Children's Wonderland

讓孩子擁有自己的空間，
40 年低矮屋變身唯美鄉村風

　　打從十年前屋主夫婦結婚後便入住此屋，至今已育有一子一女。但是隨著孩子的成長，屋主夫婦有感於室內格局不堪使用的困擾——兒子與女兒不能總是和自己睡在大臥舖上，他們也需要自己的獨立空間。為了給孩子更好的成長環境，屋主夫婦決定改造這棟保護全家人數十年的房屋。不論過去、現在，還是未來，那份「只想給孩子最好的」的心意，終將隨著整修房屋的期待中，無限綿延地傳遞。

老屋狀況說明：

　　此屋因為屋齡高達四十年，不只有管線老舊、壁癌孳生等問題，本身先天不良的狹長型格局，還造成無謂的空間被浪費。再加上此案僅有主臥及廚房有對外窗，採光不足的問題十分嚴重，連帶影響室內通風。

　　另外，之前一家四口僅能屈就住宅格局，不得不睡在同一房間內的大臥舖。如今隨著孩子的成長，他們也需要自己的獨立空間，是不容遲疑的改善事項。

　　功能不全的收納空間，也是讓屋主頭痛不已的困擾。夫婦兩人十年前結婚搬進此屋時，長輩僅進行簡單的室內裝修，導致收納空間不全，家中四處呈現雜物堆積的亂象。除了改變格局，室內規劃亦為本案最重要的設計亮點。

老屋問題總體檢：

對外窗不足

收納空間不足

[廚房]

[餐廳]

[客廳]

[琴室]

[臥室]

[陽台]

[浴室]

洗衣機

CH282

機能不全

**過長廊道
浪費空間**

最困擾屋主的老屋問題：

採光不良	●●●●●	礙於此案基地為狹長型，僅有末端兩處——也就是主臥和廚房各有一扇對外窗，難以引光入室，導致白天也必須開燈、否則屋內昏暗不已的問題，也容易增加電費開銷。
房間數量不足	●●●●●	原始格局僅有一間臥室，夫妻及兩個小孩都沒有自己的獨立空間，完全不符合使用需求。
挑高太低	●●●●○○	正常樓高介於 280 ～ 310 公分，此案僅有 260 公分，容易對屋主一家產生壓迫。

屋主想要改善的項目

1 改善採光不足的問題。

2 增加房間數量,讓大人小孩都有自己的獨立空間。

3 好收好拿的收納設計,讓物品各有所歸。

4 解決挑高太低形成的壓迫感,讓家住起來更舒適。

溝通與協調 Communication and coordination

 溝通協調後的設計師建議

1 既然採光不良的問題來自無法更動的外在劣勢,汪忠錠及王思文設計師只能從引光的「窗戶」下手。考量到整體風格呈現的關係,最後決定採用**格子狀的窗型設計**。一方面是格子窗的引光面積大,不易阻擋光線進行,另一方面則為格子窗本來就是鄉村風十分重要的元素,而且只要適時規劃,還能當作透明的裝飾隔間,一舉數得。

2 為了增加室內的可用空間,**內縮了原先的主臥**,並去除客廳的隔間,盡可能將全戶打開成完全開放的空間,才有多餘空間規劃兩間小孩房。另外,開放式空間也有利於光線的引進,改善了採光不足的難題,也提高了通風的效益。

3 大容量的收納空間,並不是只要在家中擺設龐大的櫥櫃就好:不但會浪費空間,還會嚴重影響視覺觀感與住宅的「流動性」。設計團隊費盡苦心,**將收納空間與家具做完美的融合**,發揮了「空間多元運用」的特性。

4 一般樓高介於 280 ～ 310 公分,但此案僅有 260 公分的高度,雖然並不影響居住機能,但**過低的天花板仍會對人產生無形的壓迫**,久而久之容易精神緊張。但是樑柱又事關建築架構,無法說拆就拆,因此設計師只能透過內部整修及規劃,延伸空間視覺,降低高度帶來的壓迫。

老屋裝修小知識

Q：關於室內高度，你該知道……

A： 一般室內標準高度約280~310公分，但有些房子在裝潢之後為了包樑或做天花板，會讓實際的室內高度更矮一些，這點在裝潢之初就要跟設計師確認，否則完工之後發現高度太矮就很麻煩了。

另外，有些房子本身室內高度會做挑高，讓總高度提高為380~420cm，讓人在其中更為舒適，但是也有不少人為了爭取空間而在挑高房中做夾層。以420公分高度為例，扣掉約30公分的樓板和地板材的厚度之後，約剩390公分，因此夾層中常見不到200公分的低矮設計，一般用做單純睡覺用的空間或是儲物的空間等，端看個人可否接受。

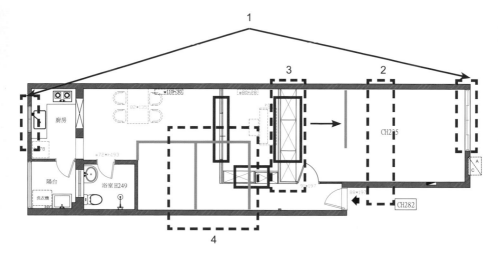

1. 窗戶改用「格子狀」的木窗，易於引光入室，必要時還可當作透明的裝飾隔間，上兼顧空間風格的考量。

2. 藉由主臥內縮的方式，增加室內其他區域的可用面積，並藉此改善居家狹長型的格局，方便將其他空間切割得更為方正。

3. 拆除原先的客廳隔間，以完全開放式的手法增加視覺上的流暢，兼具改善光線不足的問題。

4 將原先狹長的廊道規劃為兩間獨立的小孩房，且一併採用格子狀的木窗，降低隔間的壓迫。

■拆除　■增新牆　■其他　　Ing 平面圖

After and results
改造成果分享

開放式手法，降低空間壓迫

　　受限於狹長、高度又低的格局，不但難以引光入室，對外窗也只有兩扇，通風亦不好。在汪忠錠及王思文設計師首先拆除了舊客廳的隔間，讓人一眼望去，便覺室內清爽不已，產生「室內面積變大了」的錯覺，而忽略狹長的劣勢；其次再採用「格子窗」的設置，不但具有「引光」的效果，還因為是木製窗框的關係，兼具了「隔間」的功能，而且還與鄉村風格相呼應，激盪出「1+1>2」的巧思設計。

木製材質，營造溫暖鄉村風

　　「木頭」是室內裝潢時常見的建材，以其溫潤、舒適的質感受到大眾歡迎。舉凡木地板的鋪設、木質餐椅、木製窗框等，幾乎隨處可見木頭的蹤跡。唯一不同的是，這次在設計師的規劃下，交織出另一種鄉村居家風情，賦予木頭另一種嶄新的意義。不只滿足了屋主的期待，也滿足了我們每個人對「家」的想望。

老屋裝修
小知識

Q：我不知道怎麼挑家具，怎麼辦？

A：很多人購買家具時最常遇到的問題，就是只買自己看對眼的家具，卻忽略了家具的造型、顏色、材質等，都會影響空間的整體感。建議可以先挑自己中意的幾樣家具，再請設計師從中挑選合用的為宜。

雅致的配色祕密：大地色調運用

　　有一種電影是這樣的：觀看的當下沒有特別感觸，卻在散場後的午夜夢迴開始發酵，引起共鳴。汪忠錠及王思文設計師的本案，有著令人意外的同工之妙。初見時不如其他設計師大玩色彩或造型那般讓人印象深刻，卻在我們認真規劃自己的家的未來樣貌時，煞時出現在腦海，原來祕訣就藏在平淡的淺色系──一如生活的平實，輔以大地色的和鄉村風家具的點綴，豐富設計的語彙，襯托日常的精采。

隱藏式的收納空間

　　對室內設計師來說，並不是在家置放特大容量的櫥櫃，就叫做「增加收納空間」。相反地，單一空間如何重複再利用，才是室內設計的學問。因此舉凡入口處的玄關、電視牆後方、廊道與餐廳上方的櫥櫃、床組底部的抽屜等，這些收納空間因為與其他家具的完美結合，不易讓人察覺，才能保持視覺上的乾淨整齊及與空間的整體性。

Before 平面圖

After 平面圖

之前之後對照一覽

After

客廳

裝修前因為格局狹長，兼之對外窗不足的關係，日照難以投射入屋，連白天都需要開燈。加上收納功能不全，家中雜物只能隨意堆放，造成視覺上的凌亂。裝修後藉由格子窗，以及與家具結合的**收納空間**，改善了屋主的居住品質。

廊道

受限於本案狹長型的格局，廊道不但沒有對外窗，更難以引光入室，連白天都必須開燈。改造後的走廊成為孩子們的閱讀區，還透過**格子窗的設置**，讓光線自由地在室內穿梭。

廚房

原先的ㄇ字型廚房缺乏完善的收納功能及廚房機能，造成屋主烹飪時的不順手。透過裝置**嵌壁式的廚具家電和櫥櫃**，一舉解決這些煩惱，而且還在靠餐廳處保留了互動空間，讓家人間的情感更為密切。

主臥

原本只有一個房間，屋主夫妻和兩個小孩一起睡在併床的通鋪上。除了居家機能不便，對外窗也不夠大，室內常顯昏暗。**縮編改造**後的主臥，看起來更加明亮，孩子們也有自己的獨立臥室。

餐廳

完全讓人認不出來的之前＆之後，餐廳之前的凌亂好像假的一樣，在全新**宮廷風格**的餐廳用餐，彷彿連菜都變好吃了。

衛浴

和屋內其他空間一樣，用**白色調**統一的衛浴，讓人感覺舒適清爽。洗手檯上下都設置了新的儲物位置，原來馬桶上搖搖欲墜的臨時架 OUT！

新增
小孩房

原來浪費掉的尷尬空間，**變身兩個孩子的獨立房間**，雖然空間不很大，擁有自己的獨立空間彷彿美夢成真一樣。

重點施工流程

❶ ［隔間拆除與加裝格子窗］

老屋改建的必要施工，就是拆除隔間，看似簡單，其實大有學問，包括排水孔及糞孔必須事先封閉，還要避免拆除落下的瓷磚與水泥塊砸壞管線等。之後再請木工打造合用的格子窗，經過數輪的修飾，才是我們最後看到的完工照。

❷ ［費工費時的拱形］

建築施工時，流線型和圓形這種「非方正」的造型，往往考驗著施工者與監工者的功力。如何做出漂亮的半圓已經夠讓人苦惱，還要考慮拱形開口邊緣與旁邊牆壁的距離，都是費工費時的原因。

房屋基本資料

- 42 坪
- 華夏（4F/5F）
- 3 房 2 廳 2 衛
- 夫妻 +2 小孩
- 30 年屋齡
- 主要建材：斑馬木木皮、灰／白／黑橡木皮
- 安藤設計 · 吳宗憲

The Children's Wonderland

不動格局大翻新：簡約、大方，共譜家居溫馨圖

　　舒適溫暖的家，永遠是人們一輩子的想望。可是隨著年月過去，房屋終究難以抵擋日曬雨淋的摧殘，管線老舊、漏水、壁癌等問題隨之而來。有感於房屋不堪使用的狀況已經相當嚴重，屋主夫婦為了給全家人更好的居住品質，遂決定將老屋改頭換面一番。如今的老屋正以嶄新的姿態，與屋主一家共同迎接往後數十年的歲月。

老屋狀況說明：

　　由於格局方正，通風採光狀況算不錯，再加上屋主前兩年才換過磁磚，不希望花太多費用裝潢。但是因為屋齡老舊，大部分的預算用來進行基礎工程保健，例如拆除、管線更新等，格局就沒有變動。

　　除了基本的修繕之外，此案的許多家具早已不堪使用。再加上屋主一家四口的身高比較高，很多原本可以多加利用的區域竟被閒置，造成空間的浪費，所以設計團隊將裝潢重點放在內部規畫及硬體更新為主。

老屋問題總體檢：

主臥：壁癌問題嚴重

陽台：怕蚊蟲叮咬不敢開窗

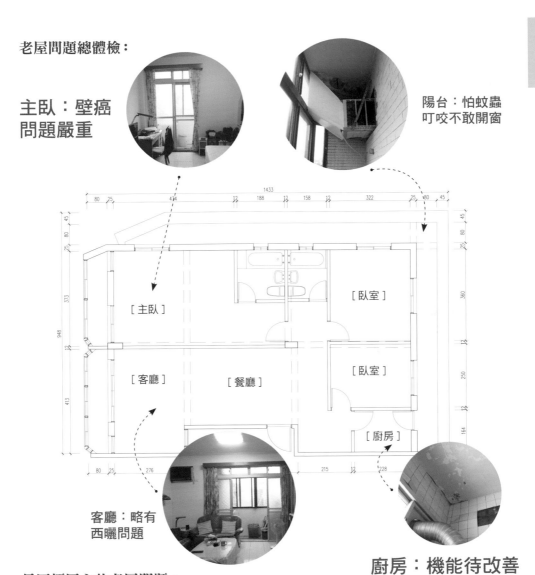

[主臥]

[臥室]

[臥室]

[客廳]

[餐廳]

[廚房]

客廳：略有西曬問題

廚房：機能待改善

最困擾屋主的老屋問題：

壁癌滋生	●●●●●	本案為屋齡 30 年的老屋且年久失修，因此與外連接的陽台漏水嚴重，導致壁癌孳生情況不甚樂觀。主臥情況也差不多，影響美觀，令屋主一家不堪其擾。
陽台通風不良	●●●●○	陽台因為裝設許多臺灣人慣用的鐵窗，又無法另行加裝紗窗，窗外的蚊蟲容易進到室內，所以屋主盡可能不打開靠陽台一帶的對外窗，導致家中通風不良。
日照西曬	●●○○○	本案有些微的西曬問題，但不是非常嚴重。但既然都要重新裝潢了，設計團隊當然會竭盡所能地幫屋主解決居住困擾。

屋主想要改善的項目

1 開闊明亮的風格，但不需要過度裝修。
2 在一定預算內達到裝潢目的。
3 改善後陽台無法開窗的問題。
4 女主人希望能規劃瑜珈區。

溝通與協調　Communication and coordination

溝通協調後的設計師建議

1 由於男女主人都在桃園機場工作的關係，**習慣了開闊的視覺風格**，因此吳宗憲設計師盡可能精簡室內陳設，例如簡約造型的天花板、覆貼貼皮的收納櫃體，家具與色彩的選用也十分簡單，以此打造開闊明亮的風格。

2 經過設計團隊的耐心解說，以及屋主本身的工作屬性，雖然很快就了解**基礎工程的費用是不能省略的開銷**，但因為家中前兩年才換過磁磚，希望能在預算內完成裝修事項。所幸本身格局並沒有太大的問題，在沒有變動格局的必要下，省下了部分拆除費，並盡可能沿用既有的家具，終於在屋主的預算內完成委託。

3 原先裝設鐵窗的後陽台，因為沒有紗窗遮蔽，蚊蟲容易飛入室內，屋主便盡可能不開靠近陽台的對外窗，導致陽台附近通風不良，夏天也容易悶熱。設計師拆除陽台的鐵窗，**以木製格柵代替，並種植諸多植栽，顧及美觀的同時**，尚具調節溫度的作用。

4 本案雖然占地面積超過 40 坪，但因為必須規劃公共區域及一家四口的獨立房間，設計師只能**將主臥區另畫一方區域，作為女主人練習瑜珈的場地**。

1. 後陽台拆除舊有鐵窗，將上方改為木製柵欄，一舉改善陽台區無法開窗的問題；並栽種植栽，以達調節溫度之效。
2. 設計團隊分配主臥坪數，將靠窗的區域設為女主人專用的瑜珈區。
3. 後陽台原本只能從廚房進出，經過設計改造後，從主臥另闢一條通道，並沿路加裝氣密窗，確保隔音及蚊蟲入屋的問題，直接通往後陽台。
4. 客廳西曬的問題因為不嚴重，除了以微反射玻璃作為窗戶的主要建材，還加裝遮陽板修飾太陽入射的角度和面積，以及用遮光窗簾稍加遮擋。

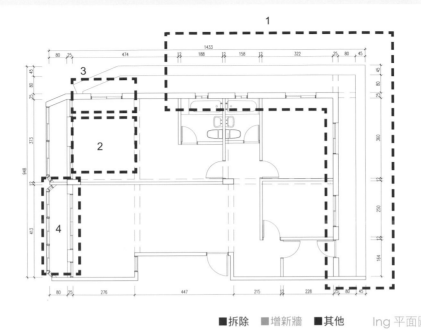

■拆除　■增新牆　■其他　　Ing 平面圖

After and results

改造成果分享

繽紛色彩，提升空間彩度

推門入室，首見一面藍色的牆，搭配一尊藝品擺飾，就是渾然天成的藝品展示區。循著廊道來到主臥，則是偏粉紫色的主色調，令人感到滿滿的小巧溫馨。孩子房也各有其特色：女兒房以桃紅色為主，兒子房以軍綠色為基調。如此活潑的用色，來自對設計獨有一番見解的女兒。搭配適當的家具點綴，每個房間彷如都有著獨立的個性，別有趣味與風情。

化繁為簡，營造寬敞空間

寬敞居家人人嚮往，但是對許多設計師來說，「沒有設計的設計，才是好設計」，實則為一門高深的學問。本案沒有繁複的造型，也沒有花俏的家具——例如簡約的天花板、僅覆貼貼皮的收納櫃、電視牆及下方的電視櫃等可見一斑。讓空間更顯寬敞的同時，也不忘顧及改善屋主生活品質的初衷，才是真正的好設計。

一體成形的出入口設計

位於餐廳旁的小孩房及廚房入口，設計師覆貼與牆面同樣的貼皮，僅留下把手便於開關門。這種「隱藏式門板」的設計，是現代室內裝潢常見的手法，不僅可以讓空間看起來更整齊、乾淨，還能與餐廳櫥櫃及電視櫃的貼皮相呼應，呈現出視覺的一致性。

小資省錢裝潢術：物美價廉的貼皮

主要建材以斑馬木木皮，以及灰、白、黑三色的橡木皮為主，一方面是出於節省裝潢費用的考量，另一方面是為了達到美觀之效——這些都是貼皮家具最大的優點。此外，貼皮可選用的圖案、顏色較多，保養上也比實木家具來得方便，對於預算有限的屋主來說，無疑是最好的選擇。

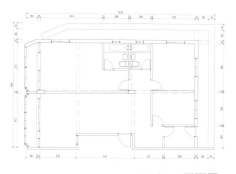

Before 平面圖

After 平面圖

之前之後對照一覽

After

客廳

舊有客廳的對外窗被遮擋的關係，光線無法直接進入室內，難免顯得陰暗；而且因為規畫不良的關係，家中的洗衣機竟置放於此。**改裝後的客廳盡顯明亮**，洗衣機等物品也改放到後陽台，提升了居住品質。

主臥

施工前的主臥雖然有對外陽台，卻因為牆面遮擋的緣故，光線很難進入，造成室內昏暗。而且明顯可見沒有充足的收納空間，物品只能隨處堆放。改裝後的主臥**善用了邊間的優勢**，創造兩面採光的空間，室內也重新規劃，還給屋主良好的居住品質。

後陽台

原本的後陽台因為是無紗窗的鐵窗，加上既有的漏水問題，經過設計師的規劃，漏水與壁癌的問題不但輕鬆解決，還**以木格柵的方式替代鐵窗**，引光入室之餘，視覺上也更為美觀。

重點施工流程

❶［客廳的改建］

改建前的客廳，雖然有往外拓屋空間的優勢，但因為內部規畫不良，並沒有為居家帶來加分的效果，因此設計師拆除外推陽台的隔牆，再經過牆面批土、粉刷的過程，遂完成明亮、簡潔的客廳。

Step1

檢視窗台狀況並拆下窗戶，從拆除窗臺兩側的裝潢開始。

Step3

批土作業，讓牆面平整。

Step2

拆除窗台主要牆面的裝潢，可以明顯看出與窗框連接處的空洞，再進行補強。

Step4

窗外的防水工程也要兼顧，避免日後雨水滲透入屋。

Step5

拉出基準線，進行貼皮作業。

❷ [廚房的改建工程]

原先的廚房與陽台互通的關係，不只有漏水與壁癌的問題，機能也不堪使用，每每讓女屋主烹飪時備感艱辛。設計團隊重新規畫了廚房格局，並添購全新的硬體，讓下廚成為生活樂趣之一。

Step1

為了一舉改善漏水與壁癌的困擾，率先將老舊牆面拆除。

Step2

進行紅磚堆砌的工作，為下一步塗抹水泥的前置。

Step3

抹上水泥，使其成為平整牆面。

Step4

開始貼皮，依稀可見完成品的雛型。

房屋基本資料

- 33 坪
- 電梯大樓
- 3 房 2 廳
- 3+1（兒子已婚，另有居所，偶爾有空返家）
- 30 年屋齡
- 主要建材：大理石、石英磚、特殊地磚、鏡面、超耐磨木地板、壁紙、皮革、系統櫃
- 邑天設計 · 陳建泰

雜亂老宅，兼顧美觀及實用收納之大改造

　　因為工作方便的關係，屋主夫婦在這棟擁有三十年屋齡的老屋，一住就是數十載。如今雖然已屆退休之齡，早已習慣臺北民生東路一帶的機能與環境——或者說，這是人與房屋長年建立的深厚感情，即使住宅內部早已不堪使用，仍堅持賦予它全新的面貌，希望在往後的退休生活裡，讓這位老朋友給予一如既往的庇護、照顧。

老屋狀況說明：

　　此屋雖然格局方正，但因為以前的建築與隔壁的棟距非常近，採光不良的問題十分嚴重。再者，雖然有對外窗，但因為開窗區域以客廳和主臥為主，後者正好是非常私人的空間；以及兩間小孩房的對外窗因室內規畫不夠完善，幾乎無法開窗，因此如何兼顧採光、通風與隱私，確實是十分棘手的難題。

　　其次，因為房子居住了數十年，家中難免堆積長年累月的雜物，卻苦無沒有足夠的收納空間，只能隨處擺放，造成進出動線的混亂。

　　但如何在格局不動之前提下，僅以房屋內部硬體更新，即可呈現出完全不同的風貌，對設計師實為一大考驗。

老屋問題總體檢：

空間不足
多人容身

採光不足

動線不佳

收納空間不足

最困擾屋主的老屋問題：

採光不良	●●●●●	以前的建築對「防火巷」並沒有很嚴格的法令規範，所以本案不但前後左右都有住宅，而且棟距十分貼近，難以引光入室，連帶導致通風不良、隔音不佳、難以確保個人隱私的問題。
收納空間不夠	●●●●●	由於屋主夫婦從年輕結婚後便居住於此，以前的裝潢概念也不如現代進步，所以室內沒有足夠的收納空間，不論雜物或是平常會使用的物品都只能隨意找空間擺放，嚴重影響人、物進出的動線。

屋主想要改善的項目

1　預算控制於理想值之內，原有格局還算不差，不想更動室內格局。

2　改善棟距太近帶來的問題，包括採光、通風、隔音、隱私。

3　解決收納空間不足的困擾。

4　提升廚房機能，希望使用起來更順手。

溝通與協調　Communication and coordination

 溝通協調後的設計師建議

1 老屋翻修因為需要多一道「拆除」的工作，價格會較新屋來得高。在條件允許的狀況下，**盡可能不要變動格局**，也是省錢的一種方法，因此本案的翻修重點之一，在於如何善盡室內規劃之宜。

 老屋裝修 小知識

Q：老屋裝修的預算怎麼抓比較好？
A：邑天設計的陳建泰及鄭珊怡設計師認為，老屋最常面臨的共同問題，就是許多我們看不到的「基礎工程」的重建，例如管線與配電。如果想將老屋「一次性」地整修到好，連同拆除費用計算在內，預算約每坪 8～10 萬為佳。

2 既然外在條件不可能改變，只能從**室內的再規劃、材質運用與設計巧思**等三方面解決問題。例如隔音問題，只能靠改裝隔音效果較佳的氣密窗。

3 既要兼顧居家使用的實用性，也**不能忽略收納空間**，是室內設計的一大學問，因此本案的諸多設計都暗藏玄機。例如床頭板，並非只有視覺美觀的功能，內裡皆為大容量的收納區。

4 本案原始的廚房格局為一字型，加上坪數不大，以及老屋初始功能不齊全的關係，根本沒有多餘空間置放電器櫃，才會造成廚房使用起來不順手的問題。其實只要妥善規劃，**搭配合宜的廚具系統**，就能輕鬆解決屋主困擾。

1. 客廳及主臥，以布質百葉窗搭配氣密窗，改善採光及通風問題。連同女兒房和兒子房，也加設對外窗。
2. 增建的臥榻區，底座改裝為抽屜及上掀的收納櫃體。
3. 主臥增建超大容量的衣櫃，床頭亦改裝為收納空間。
4. 原本擺放凌亂的電器設備，規劃後在廚房區增加電器櫃功能，動線更顯俐落。
5. 從玄關開始，地面全部採用平接式無障礙手法處理。

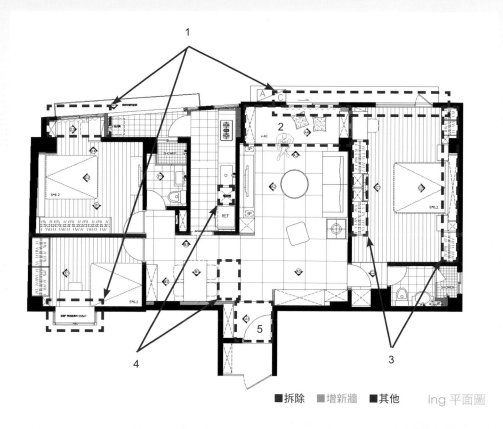

■拆除 ■增新牆 ■其他　　Ing 平面圖

After and results
改造成果分享

簡潔明亮，一改老屋風貌

　　屋主夫婦皆已屆退休之齡，並沒有特別喜好的室內風格，因此設計師從「令人感覺最舒服」的設計元素出發——簡單、明亮，不只是本案的概念主軸，亦交織出令人眼睛為之一亮的美感。例如客廳的天花板，雖然沒有花俏的造型，但是只要打開嵌燈及間接照明，一樣能讓人感覺到家的溫暖。

平接地板的「表面功夫」

　　考慮到日後使用房屋的特殊需求及照護的便利性，設計師堅持整間住宅的地板必須以「平接」的方式處理，甚至連玄關區也不例外。在這片簡潔有力的設計語彙中，在在體現了「設計，始終來自於人性」的初衷。

「藏」與「露」的藝術：超強大收納空間

在簡潔明亮的前提下，本案隨處都是收納空間的巧思。例如玄關進門右手邊的落地高櫃，不只是「明顯」可見的收納櫃，還有加強空間色彩，以及飾品展示區的功能。

在眾多的收納設計中，其中最令人驚豔的，當為客廳的臥榻區。相信許多人都曾面臨過的收納難題，就是櫃體或抽屜的深度太深。雖然的確可以放很多東西，但放在越裡面的物品，想要使用的時候就要大費周章地把前面的雜物拿出來。貼心的設計師將此處的抽屜切為兩半：前半段為普通的抽拉式抽屜，後半段則為可以上掀式的門片設計，保證每一吋空間都不浪費。

布質百葉窗，輕鬆解決惱人的棟距問題

因為棟距太近的關係，不但影響屋內採光，連帶也難以通風。而且有時候只要往窗外望去，就會看到對面鄰居曬著的衣物。有礙觀瞻之餘，主臥隱私也有被人窺視得一清二楚的風險，讓屋主一家不堪其擾。設計師巧妙運用布質百葉窗就輕鬆解決了這些難題，價格也不會對屋主造成負擔，還有多樣化的色系可以選購，是設計師不外傳的改裝祕訣呢！

多樣化的材質運用：黑鏡

從風水學的角度來說，鏡子常被視為居家大忌。其實只要經過適當安排，就具有出奇的畫龍點睛之效。

鏡子是許多設計師愛不釋手的裝潢素材，原因在於鏡面的反射效果，具有極佳的「空間擴張」效果，可以讓人產生「空間加倍」的錯覺。但是除此之外，本案餐廳區的黑鏡，不只是十分實用的大收納空間，預留的藝品展示區，尚兼具視覺點綴的效果。「1+1>2」的設計概念，原來早在這些不為人知的細節處，發揮得淋漓盡致。

「明」與「暗」的點綴美學

　　雖然明亮的顏色的確有助於使空間看起來更通透，但如果沒有深色的搭配，反而會讓住宅看起來十分單調。因此仔細觀察的話，會發現本案的用色要訣，就在於深淺色系的搭配運用，包括電視牆、餐廳區的黑鏡、帶狀式的黑色嵌燈等等。甚至包括家具，設計師亦親自協助客戶挑選，力求打造出兼顧屋主訴求與美感共榮的退休「好宅」。

Before&After 平面圖

老屋裝修小知識

Q：關於棟距，法規有相關規定嗎？
A：建築技術規則建築設計施工編，第四十五條第 3 點有提到；
同一基地內各幢建築物間或同一幢建築物內相對部份之外牆開設門窗、開口或陽台，其相對之水平淨距離應在二公尺以上；僅一面開設者，其水平淨距應在一公尺以上。但以不透視之固定玻璃磚砌築者，不在此限。
但實際上通常愈大的棟距，景觀、採光跟通風都會相對較好，所以大家在購屋時，常會以兩棟房子間的距離，以樓高 1/3 高度為標準。但很多老屋棟距都相當近，關於隱私等衍生問題，只能靠室內裝潢的方式來補強。

之前之後對照一覽

Before

After

客廳

因為收納空間不足的關係，十分雜亂無章。而且從對外的鋁窗望去，即為隔壁鄰居的曬衣區。經過縝密規劃，以及**全新的材質改建**後，老屋一甩陰暗又老舊的風貌。

餐廳

因為廚房空間不足，只好將電器櫃置放餐廳，造成家中成員移動時，必須繞過這個「多出來」的電器櫃。改建後的餐廳，不但乾淨、寬敞，也還給屋主一家人**靈活的動線**。

廚房

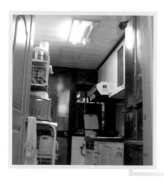

一字型的廚房擺置了鐵架的收納籃，卻因此壓縮了屋主在內移動的空間，其寬度也只容一人。透過**全面性的廚具改裝**，不僅大大增加廚房的功能，也讓烹飪成為生活樂趣。

主臥

苦於收納空間的不足，屋主夫婦只能「找地方」把東西收起來，造成空間的凌亂。改建後的主臥不但擁有**大容量衣櫃**，女屋主終於有屬於自己的化妝臺，是女性才能體會的「小確幸」。

重點施工流程

❶ [裝修加蓋客廳臥榻]

空間不分內外，都需要「緩衝」的區域——蓋
於戶外，稱為陽台；建於室內，名為臥榻，不
但可以讓屋內的人多一個休憩的小空間，還能
作為室內與戶外的過渡帶。善加利用，就能像
此案化為令人驚喜的收納區。

Step1

將先前的裝潢拆除。

Step3

木做進場。

Step2

水泥填補壁面，方便進行後續施工。

Step4

進行客廳臥榻的加蓋工作。

❷ [無障礙的平接地板]

「無障礙」不只限於一般人想像的公共坡道或電
梯，對於室內設計亦是趨勢重點，視屋主需求考
慮「無障礙」空間的配置。平接式的地板處理，
不只施工過程更繁複，還要經過機密計算，不能
允許地板出現些微高低落差的錯誤。

3. 孩子，我要給你一個更好的生活環境　**131**

房屋基本資料

- 25 坪
- 華廈
- 三房兩廳
- 夫妻 +2 小孩
- 30 年屋齡
- 主要建材：超耐磨地板、進口復古磚、訂製木百葉、文化石、進口壁紙
- 摩登雅舍 · 汪忠錠、王思文

The Children's Wonderland

破解挑高不足，
一家四口的溫馨鄉村風

　　「在對的時間遇到對的人」，一句話，告訴我們緣分的難能可貴。在美國相識、相戀而後步入禮堂的屋主夫婦，經過異國文化的多年洗禮，回臺購置婚後第一個家時，便深切盼望一圓擁有鄉村風住家的夢想。於是這棟擁有超過三十年屋齡的老屋，經過大手筆的翻修後，化為年輕人的避風港，作為他們接下來數十年的愛情見證。

老屋狀況說明：

　　多數老屋難免出現漏水、壁癌、管線老舊等問題，而此案因為前任屋主並未針對既有的漏水問題加以修繕，造成壁癌更是嚴重。此外，一般居家挑高常介於 280 ～ 310 公分，本屋高度僅有 250 公分，對身高超過 190 公分的男屋主和 175 公分的女屋主來說，形成的壓迫感較他人更強烈。

　　雖然格局方正，而且幾乎大部分空間都有對外窗，但因為位處老舊住宅區，窗外街景不美觀，屋主也不希望開窗的時候被對面鄰居窺見個人隱私，因此開窗意願不大，導致戶外陽光難以投射入室，造成室內陰暗的結果，都是必須亟待解決的困擾。

老屋問題總體檢：

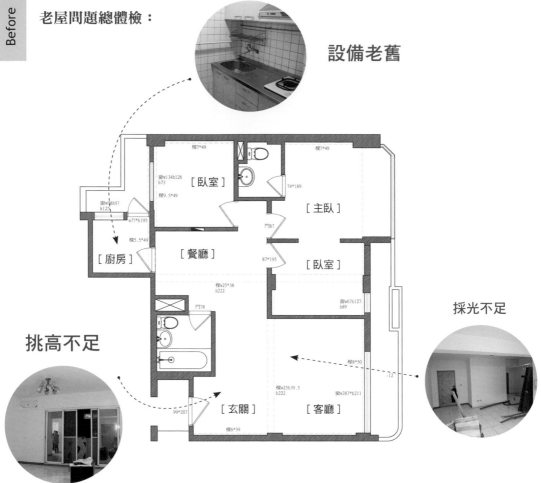

設備老舊

採光不足

挑高不足

[臥室]　[主臥]　[臥室]　[廚房]　[餐廳]　[客廳]　[玄關]

最困擾屋主的老屋問題：

採光不良	●●●○○	本案雖然格局方正，且對外窗不少，但因位處老舊住宅區，窗外街景不甚美觀，屋主也不喜歡讓人看見自家隱私，因此不開窗，導致採光不足的情況。
挑高太低	●●●●●	由於男女主人身高比多數人還高，適逢老屋挑高僅有 250 公分，對屋主夫婦產生的壓迫感比他人更強烈。
漏水嚴重	●●●●●	前任屋主並未針對既有的漏水問題加以修繕，導致本案屋主購房後，才發現漏水狀況比想像中更嚴重。
壁癌孳生	●●●●○	壁癌與漏水，兩者息息相關。由於此屋漏水多年未經改善，壁癌的情況十分嚴重。

屋主想要改善的項目

1 改善挑高太低形成的壓迫。

2 解決漏水及壁癌的問題。

3 引光入室，讓居家空間更顯明亮。

4 道地的美式鄉村風格。

溝通與協調 | Communication and coordination

 溝通協調後的設計師建議

1 挑高太低的問題來自建築本身的劣勢，當然無法更動建築結構，例如不可能拆除樑柱，只能透過室內的規劃改善，因此設計師決定將出入口的「門」改建得較一般為高，方便屋主進出。其次便是**儘可能把天花板造型做得簡單**，讓室內的陳設看起來簡約，避免視覺上的疲勞。

2 此屋的漏水問題源於樓上住戶，因管線破裂，漏出的水滲透到樓下。但因為種種原因，無法直接到住戶家中修繕，因此設計團隊只能**在漏水最嚴重的區域裝設水盤**。雖非一勞永逸的解決之道，但也只能折衷地採用此法。

3 此屋格局尚屬方正，但因為位處老社區，不但與周遭建築相隔頗近，且隱私容易被窺見。在設計師的巧思下，**窗戶改採木製百葉窗**，不但可以引更多光線入室，讓家中看起來更顯明亮，還能遮住對面不好看的窗景，一舉數得。

4 受美國文化薰陶多年的屋主夫婦，獨鍾美式鄉村的風格，因此事前準備非常充足的相關資料，包括報章雜誌、美式影集等，供設計團隊參考。雖然臺灣住宅的面積普遍較美國大宅來得小，但設計師從**「美國大宅縮小版」**的概念出發，運用各式自然建材如文化石、木製窗，還有復古的磁磚及線板，呈現令屋主夫婦大為感動的作品。

Q：什麼是木製百葉窗？
A：不是傳統橫式的百葉窗，而是直式的實木百葉窗，在國外裝潢中常見，而近年來台灣也開始可以接受這種洋式風格的窗型，就算沒有裝潢成鄉村風的預算，只要做一個實木百葉窗，就能營造出十足氣勢。

優點是可以調節光線與隱私，而且好清潔、質感很好，缺點是價錢不便宜。而一般家庭常用的布窗簾樣式非常多，價錢彈性也大，只是較不容易清洗，若家裡有人有過敏問題會比較不適合。

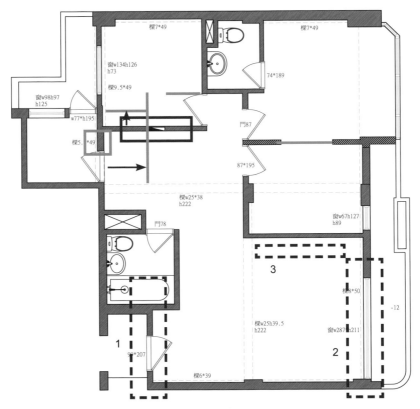

1. 許多老建築普遍都有挑高太低的問題，但設計團隊不可能更動建築架構，只能將出入口加高，增加屋主進出的方便性，還能降低挑高不足引起的心理壓迫。

2. 採光不足的問題不只來自於窗外街景不甚美觀、讓屋主不願開窗之外，還有隱私上的考量，更要兼顧視覺美觀。經過與屋主的縝密溝通後，最後決定以深具美式鄉村風格的木百葉一舉改善。

3. 許多屋主面對老舊房屋的共有困擾，就是收納空間不足。汪忠錠及王思文設計師不只在本案再次發揮擅長的「美型收納」，還將美式鄉村中重要的風格元素──壁爐，結合電視牆與電視櫃的收納功能，創造出讓人驚喜連連的優秀作品。

■拆除　■增新牆　■其他　　Ing 平面圖

After and results

改造成果分享

大膽用色，獨具一格

　　初見此案，最令人印象深刻的就是猶如海洋風情的客廳，這是取用自與屋主同名的「湛藍」（azure blue），甚至連沙發、抱枕、壁布都大膽採用相同色系；走進小朋友的遊戲間，則是活潑大膽的桃粉色，來自設計團隊對女主人的細心觀察，也是女主人最喜歡的顏色。至於餐廳，在黃色的襯托下，彰顯另一種閒適的用餐風情。

　　常常我們看許多設計師的作品，會發現整座住宅的用色往往十分一致，例如簡約風格，多以黑或白為色彩基調。但是在汪忠錠及王思文設計師的作品中，活潑的用色彷如魔法，不只提升空間活潑度，亦開創另一種繽紛生活。

老屋裝修
小知識

Q：油漆色卡百百種又小小一塊，怎麼知道刷上牆的效果？

A：與室內設計師溝通協調時，最讓屋主困擾的，就是可參考的色卡太多，而且通常只有小小一塊，實在很難想像刷上牆的效果。建議屋主在進行油漆粉刷工程時可以親至現場，請油漆師傅先刷上預選的顏色，如果覺得不適合，現場立即與設計師進行討論，之後再改刷自己喜歡的顏色即可。不過如果改刷油漆的次數太頻繁，設計師可能會要求添補費用，實屬合情合理。

另一種配色妙方：壁紙與瓷磚運用

雖然油漆可以選擇的顏色百百種，但還是只能呈現區域性的相同色彩。想要提升空間活潑度，除了運用家具的搭配點綴，還可以嘗試從建材下手，例如壁紙或磁磚。

本案令人印象深刻的湛藍色客廳，雖然採用的都是同一色系，看起來卻不致呆板無趣，其幕後功臣當屬沙發背牆的壁布。不論是壁紙還是壁布，因為圖樣眾多，而且價格彈性大，方便屋主可視個人預算挑選，是居家裝潢不可或缺的元素。再加上科技的日新月異，現在的壁紙／壁布已經不像早期使用發泡膠，替換時造成牆面受損，是受歡迎的另一個原因。

磁磚也是本案不可忽略的重頭戲之一。例如玄關地板的黑白拼貼，設計團隊特別選用簡單的黑白色系佐以簡單圖樣，作為鄉村居家的重要圖騰。又如廚房地板的磁磚，採用與立面牆壁類似色系的墨綠色，並以不同的尺寸與拼接方式，呈現一種「和諧中的不協調」，讓空間變得更活靈活現。雖然磁磚沒辦法像壁紙／壁布那麼多元，但絕對是僅次於油漆塗料的另一種好選擇。

鄉村風元素雲集：壁爐、線板

想要幫居家打造不一樣的風格，首先，必須知道該風格藏著甚麼樣的「元素」。例如談起禪風，第一個讓人想到的會是榻榻米、臥榻或和室，而且用色通常偏清淡或大地。而鄉村風的重點，此案中明顯可見的兩大元素即為電視牆的壁爐，以及通往客浴的線板。

常常我們在電影中看著老奶奶坐在火爐邊的搖椅、手上打著毛線……這是最原始的鄉村風格雛形。但是臺灣地處亞熱帶，並沒有使用壁爐的需要，於是設計師將壁爐與電視牆的概念結合，是令人眼睛為之一亮的精采創舉。

通往客浴的牆面，上半部採用湛藍的色漆，下半部則運用木色的線板，也是沿襲自傳統鄉村風的設計。但是因為文化差異的關係，臺灣人比較習慣使用白色線板，因此設計團隊特別與工班協調，才複製出原汁原味的美式線板，打造出擁有濃厚美式鄉村風格的本案。

讓你幾乎忘了它的存在：美型收納

設計師不只擅長鄉村風格，與家具完美結合的收納空間，也是強項之一。例如玄關的落地鞋櫃，同樣採用木百葉，不僅達到視覺統一之效，收納功能也十分驚人。電視牆旁邊的壁面，看似是裝飾用的線板，實際上是收納錄放影機的電視櫃。而且下方還特別開了孔洞，作為散熱之用。甚至連餐廳，也暗藏收納玄機：右邊的木框窗是進入廚房的出入口，左邊則是富含裝飾性質的收納櫥櫃。室內設計不只要考慮視覺美學，還要兼顧實用的空間機能，才是真正的好設計。

Before 平面圖

After 平面圖

之前之後對照一覽

Before

客廳

前任屋主為了**維護個人隱私**，以及遮擋窗外不甚美觀的街景，不得不在客廳的對外窗貼上有色的遮蔽物。改造後的客廳裝置木百葉，成功解決屋主的煩惱，還達到「維持空間風格一致性」的功能。

主臥

改建前的主臥空無一物，早已外推陽台區也因樑柱的關係更顯低矮。改造後的主臥保留了陽台區必要的樑柱，輔以白色的色彩基調和木百葉的裝設，**擴大了視覺上的空間感**，突顯溫馨的鄉村風格。

廚房

老舊房屋因年久失修，廚房除了殘破不堪，機能也不完善。
經過巧手設計後，廚房成為可愛、溫馨又令人嚮往的烹飪天
地，還透過陽台的對外窗，**讓戶外陽光投射入室**。

衛浴

原先的衛浴採用老式的裝潢：拼貼的磁磚地板，洗手
台與馬桶也僅有功能之用，並無設計美感可言。改建
後的衛浴呈現嶄新面貌，不但**具有強烈的視覺風格**，
設計團隊連收納問題也考慮在內並獲得解決。

重點施工流程

❶[牆面修飾，油漆粉刷]

房屋因為長久使用的關係，難免出現油漆剝落、出現裂縫等問題，導致牆面不平整，就算刷上油漆，並不
能遮掩這些瑕疵，放眼望去還是一片凹凹凸凸。尤其當房子有漏水、壁癌的情形，牆面不整的情況只會更
嚴重。因此事前進行批土、打磨，是不可忽略的工程細節。

❷[饒富變化的磁磚拼貼]

覆貼磁磚不是一般大眾想像中「只要貼上去就好了」的簡單工程，還要先進行劃出水平線、抹漿等前置。
如何貼得平整，還有填縫填得漂不漂亮，在在考驗著師傅的功力。

房屋基本資料

- 25 坪
- 公寓
- 3 人
- 2+1 房 2 廳
- 30 年屋齡
- 主要建材：仿清水模塗料、鋼刷梧桐木、橡木、結晶烤漆、鐵件烤漆、玻璃
- 蟲點子創意設計 · 鄭明輝

The Children's Wonderland

置入一道清水模的牆，老屋也有新風貌

屋主從成長、結婚生子都在這 25 坪的老房子裡，說「起家厝」也不為過，但隨著孩子漸漸長大，房屋格局及動線愈來愈不實用，因此屋主夫妻決定將老屋重新改造。

老屋狀況說明：

原始屋況為三十幾年的老屋，格局為三房一廳一衛，室內才二十五坪，因此每個房間都狹小無比，再加上樓梯間及陽台的關係，並非方正格局，所以有不少畸零角落，導致空間更為侷促；一間衛浴，在孩子成長過程中也會面臨不夠使用的問題。再者，整個空間雖三面有採光，卻被房間、陽台及廚房遮住，使得室內顯得陰暗，再加上壁癌及管線老舊等問題急待解決。

老屋問題總體檢：

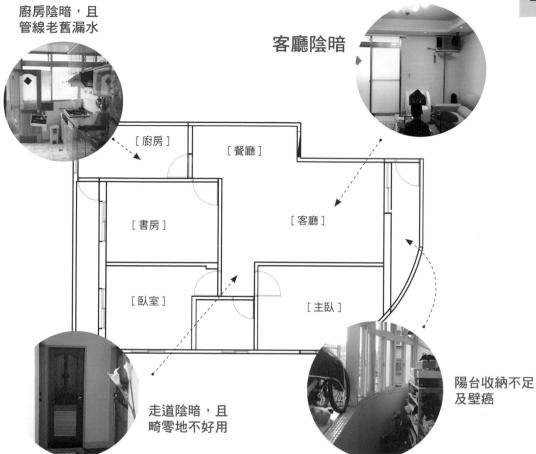

廚房陰暗，且
管線老舊漏水

客廳陰暗

[廚房]　[餐廳]

[書房]　[客廳]

[臥室]　[主臥]

走道陰暗，且
畸零地不好用

陽台收納不足
及壁癌

最困擾屋主的老屋問題：

採光不佳	●●●●○	客廳處明廳，但因採光從前後兩端，卻被陽台及廚房遮住，所以採光不佳。
格局不佳	●●●●○	整體空間狹小，再加上畸零空間多，使用不易，因此全部拆除，並重新規劃。
水塔管線脆化、瓦斯管線老舊	●●●○○	全面換新，改用白鐵管，即安全又能延伸使用年限。
壁面、樓板龜裂、壁癌	●●○○○	此屋有老屋常見的壁面、樓板龜裂、壁癌問題，出現在屋子的左右兩側牆面，以及天花板，但因為沒有很嚴重，用從內側補強的作法即可進行。

屋主想要改善的項目

1 希望空間看起來比實際坪數大。

2 希望能維持 3 房,並多一間衛浴。

3 女主人希望能有一間更衣室。

4 全屋管線希望能全面更新,以安全為考量。

溝通與協調 | Communication and coordination

 溝通協調後的設計師建議

1 設計師在承接本案時,一直在思考如何讓空間能減少不必要的畸零角落,使空間變得「完整」。所以在詳細思考後,**利用一串連空間的清水模大主牆將空間一切為二**,分為私人空間及公共空間,並將私人空間隱藏在大主牆後,包括主臥、客浴、小孩房,讓公共空間整個空間呈現,完全沒有轉角且開放通透,視覺感受因此而開闊、放大。

2 主臥室的入口藉由從大門至玄關的架高木地板,一直延伸到房間內,再加上**開放式廚房及書房玻璃隔間的穿透性設計**,讓二十五坪的住宅看起來比實際大上很多。同時架高地板除了是空間界定外,也可以變成坐臥的平台。

3 為使空間完整,再加上老屋的管線及底牆狀況難以掌握,因此建議全屋隔間打掉重做,包括廚房及廁所,僅保留外牆,**重新配置室內格局**,並將電箱、管線水管等全部換新。

4 顧及糞管及進排水孔的管線更動影響層面大,因此廚房及衛浴位置並沒有太大的遷移,但廚房及書房採開放設計,**僅用活動的玻璃鐵件拉門區隔**,當女主人煮飯時,只要往廚房拉,就可以把油煙隔離了。不用時可以將門片往書房拉,保持工作區域的安靜。同時玻璃隔間及開放式設計的好處,使自然採光得以從書房及廚房、前陽台進入公共空間。

5 為呼應空間的完整性,因此**書櫃與廚房吧檯、實木餐桌組合在一起**,讓空間有一氣呵成的串聯。

6 原有老房子的電視牆轉角，為公寓的樓梯間，因此**將此畸零空間改為儲藏室**，然後利用白色烤漆的電視牆、懸空的電視矮櫃及清水模背牆，營造出灰、白、原木三種色系做為空間基調。其中，電視櫃的木皮延伸至儲藏室牆面，再延伸至天花板，如舞台般的效果，同時也跟沙發背牆的清水模相呼應。

老屋裝修小知識

Q：清水模塗料跟清水模的差異性在哪裡？
A：清水模十分工法重視技術與細節，被視為技術的表徵，不能馬虎，否則就會留下痕跡，從結構組立至灌漿要一氣呵成，否則就必須拆除重做。因此也有人在結構完成後，再二次澆置約 5～8cm 厚度水混凝土，以清水模組立。這樣可以減少一些麻煩，失敗要重做也比較好處理。但以上兩種都有施工不易且價格貴的問題。而清水模塗料，是用膠泥與漆料混合，以九宮格交錯方式漆在牆上，並模擬清水模孔洞及線條，優點是施工快速，價格便宜，為現在室內裝修時的新寵。

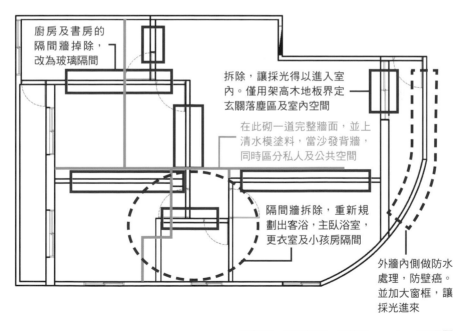

廚房及書房的隔間牆掉除，改為玻璃隔間

拆除，讓採光得以進入室內。僅用架高木地板界定玄關落塵區及室內空間

在此砌一道完整牆面，並上清水模塗料，當沙發背牆，同時區分私人及公共空間

隔間牆拆除，重新規劃出客浴，主臥浴室，更衣室及小孩房隔間

外牆內側做防水處理，防壁癌。並加大窗框，讓採光進來

■拆除　■增新牆　■其他　　Ing 平面圖

After and results
改造成果分享

由於坪數不大，因此設計師盡量將空間完整化，透過線條及穿透手法，讓空間在視覺上及動線上變大且更便利。在整體設計上，利用「植入一道牆」的方式切割，讓空間區分為二，並盡量讓公共空間，如客廳、餐廳、書房及廚房完整呈現。

線條拉齊讓視覺延伸、放大

整個格局全部拆除並重新配置，於是將原本狹小又侷促的三房調整成兩房加一間彈性書房及半套客浴間。而主臥在重新規劃下，還多一間更衣室及全套衛浴。透過空間線條拉齊的設計手法，將視覺延伸、達到放大空間的效果，例如沙發背牆的清水模牆面、廚具與高低櫃的統合、儲藏室的木皮延伸至天花板等等，空間因為層板及凹洞變得擁有豐富的視覺層次。

開放及穿透設計，大量引進採光

為求客廳明亮，因此特別降低前陽台窗戶的高度，並拆除廚房及書房的隔間，改用清玻璃隔間，好讓後陽台的採光，得以透過廚房和書房的窗戶串聯，引進至室內的餐廳及客廳，讓自然光影自由流動於屋內；並運用鞋櫃包裹原先陽台的結構牆，以便區隔客廳、玄關及主臥的空間，同時又滿足機能設計。

大面清水模塗料主牆，形成視覺焦點

為呈現空間的清爽感，首次運用「類清水模」的清水模塗料工法，營造整體空間氛圍，並透過一些原木及布面質感的設計手法，讓空間看起來不會太過冰冷。於是灰、白、黑及原木，成為這空間的主色調。而且為了美觀，這面串聯主臥、客浴及小孩房、書房的清水模沙發主牆，連線條切割及仿清水模的洞都是經過計算的，並運用分割線對齊門片，所有插座，甚至手把都在同一高度，以便讓視覺統一。甚至客浴的門框都用超薄的不鏽鋼取代，讓整面牆更完整且美觀，未來也很好清理。

機能整合，坪數小但收納量超大

像是書房及廚房的隔間，是利用廚房吧檯與矮書櫃整合在一起，並延伸至餐桌，上面則採玻璃隔間，讓女主人在做菜時也可以顧及孩子在書房的活動。書櫃深約四十五～五十公分左右，使書的收納量變大。

顧及屋主的使用習慣，因此廚房檯面採硬度較好的石英石，不易吃色及耐刮。廚房吧檯下方更設計了抽板，以放置咖啡機及熱水瓶。主臥則利用主臥浴室與睡眠區的畸零空間，規劃了女主人想要的更衣室，利用清玻璃及毛玻璃的混搭方式，當燈光打下時，使空間有線條的層次感。鐵件與系統櫃的搭配，以便容納最大衣物量，LED 蛇燈嵌入層板裡，除了照明同時也減弱衣物的壓迫感。而可拉取收圍的化妝台鏡面，爭取空間。利用建築體的畸零轉角設計化妝台及孩子書桌，不規則的轉折，讓小空間因為流動感而不會感到侷促。

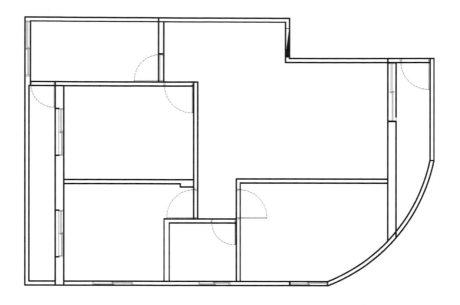

Before 平面圖

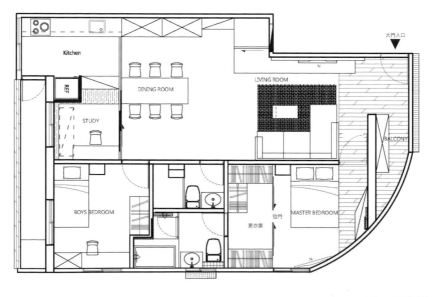

After 平面圖

之前之後對照一覽

Before

After

客廳

原來陰暗的客廳，透過**拿掉落地門窗**，以及將陽台窗框加大後，
讓自然採光得以進入室內，而變得明亮且寬敞。

餐廳＋
廚房

將廚房的隔間拿掉，改為**開放式設計及玻璃隔間**，讓後陽台的
採光得以進入室內，並拉大空間感。活動的拉門設計，在必要
時可以阻止油煙進入室內。

畸零
空間

原本電視牆後方的畸零空間即暗又無用，透過**從電視櫃延伸的儲
藏間規劃**，並與層板、廚房高低櫃串聯，使這個空間變得明亮且
充滿機能性。

陽台

保留原本的圓弧陽台牆面，僅將女兒牆往下打掉約二十公分，**拉大整個窗景**，讓採光得以進內室內，陽台與主臥的牆面，則用鞋櫃包裹，滿足收納。

走道

原本格局將空間切割出許多陰暗角落，**透過清水模牆面的拉平整合**，使畸零空間化整為零，同時經由嚴密計算的線條切割，讓出入的門也隱藏其中，甚至客浴的門框都用超薄的不鏽鋼取代，讓整面牆更完整且美觀，未來也很好清理。

重點施工流程

❶ [環保磚隔間牆工程]

因紅磚牆重，且施工時間長（需要約一個月左右來吐水，以免未來出現白樺現象）。因此選擇環保磚，有輕且施工快速的優點，且隔音效果也不輸紅磚。

| 老屋裝修 小知識 | **Q：什麼是環保磚？**
A：「環保磚」(Eco-Brick) 主要由玻璃廢料混合建築廢料製成，能舒緩堆填區的負荷。 |

另一方面，用環保磚能夠減輕開採沙石等物料，而造成的天然環境破壞。更重要的是，這種磚的粗糙表面佈滿小氣孔，經特別處理後，能吸收部分汽車排放出的廢氣，有助減少空氣中的污染物。

Step1

放樣。

Step2

環保磚。

Step3

開始砌磚，環保磚也是利用特殊水泥黏著劑堆疊工法，而且磚與磚之間用鐵片強化固定。

Step4

堆疊出主臥、客浴、小孩房的隔間牆。

Step5

磚牆與天花板的邊緣要用發泡劑固定，而且要預留伸縮縫。

| 老屋裝修 小知識 | **Q：白樺現象是什麼？**
A：牆壁滲漏以致產生白樺現象（白白的粉末），學術名詞叫「吐鹼」，嚴重時會導致牆面剝落，通常發生在牆壁滲水。以老屋而言，有可能 |

是牆裡面水管破裂，或是外面雨水滲水至牆面而排不掉所導致。若是發生在新裝潢不久的房子，則可能是在泥作砌磚過程中，磚牆乾燥時間不夠導致，不一定是施工不良。處理方式多半是挖掉重做。

The Children's Wonderland

化解迷宮，
陰暗商辦變為
優雅、溫馨的三人之家

房屋基本資料

- 47.2 坪
- 電梯大廈
- 3 人
- 3 房 2 廳
- 屋齡 30 年
- 主要建材：科彰木皮、木雕嵌飾、壁紙、木紋美耐板、南方松、ICI 乳膠漆、線板
- 覲得設計・游淑慧

　　這房子位於商住大樓的高層，是女主人媽媽留給她的財產。地處鬧區，樓下有精品店、Cafe 等商家，走沒多遠就是捷運站，生活機能相當優越。在租給公司行號當辦公室多年之後，屋主決定收回，改造成母子共享的溫馨居家。

老屋狀況說明：

　　由於是三十年前蓋的大樓，樑柱多、天花低，格局也不方正；而且，這戶僅只有兩側外牆開設長窗，其餘牆面全無採光。由於屋子前段位於建物深處，導致玄關與客廳陰暗。屋子的後段雖享有採光面，隔間卻非常繁複！兩間廁所位於這區的正中央，周遭配置大小共四間辦公室；所有房間藉由迂迴長廊來串連，不但出入得繞來繞去，還產生多處死角。窄小的後陽台也呈 L 狀轉折。總之，這房子在未翻修前，無論機能或空間感全都不符女主人的期待。

老屋問題總體檢：

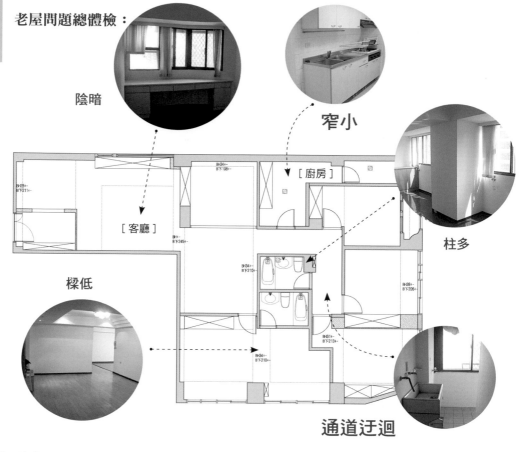

陰暗

窄小

[廚房]

柱多

[客廳]

樑低

通道迂迴

最困擾屋主的老屋問題：

格局不正	●●●●●	這戶的屋型頗不方整。剛進屋的客廳面寬較窄，進入後半段突然擴至兩倍以上。樑柱很多，光是不靠牆的柱子就有四根，牆面也到處出現各種形狀的凸柱。而且，邊間的外牆為弧牆。
客廳暗	●●●●●	此屋只能靠西側與北邊的開窗來汲取天光。客廳剛好位於建物的深處，非但無法開窗，距採光面也遠。就算陽光從最近的那扇窗透進來，也被隔間牆給擋住。全室也因為隔牆很多而遮住陽光，除了靠窗的那四間房，其它區段在白天都很暗。
缺餐廚	●●●●●	這裡原本是辦公室，所以廚房很小且沒餐廳。若要改造成居家，勢必得備齊家庭所需的餐廚空間。女主人尤其期待能在新家偶爾下廚，跟兒子們共餐。
動線迂迴	●●●○○	串連多間臥房的走道迂迴如迷宮；廚房後方的陽台轉折90°，平面呈L型的窄長空間很難利用。

屋主想要改善的項目

① 希望能加強玄關的儲物機能。

② 改善客廳的封閉與陰暗。

③ 擴充廚房的面積與機能，並與餐廳合成隨時能互動的親子空間。

④ 主臥請安排在安靜的方位，並附帶全套衛浴與更衣間。

⑤ 適度隔開兩間孩房跟主臥，以免兩代因作息不同而彼此干擾。

溝通與協調 | Communication and coordination

溝通協調後的設計師建議

1 原先用木作牆隔出來的封閉式玄關很窄小，玄關外並形成一處畸零空間。大門移位後，將全屋最前方的整個區段劃為開放式玄關，看來更大器，進入客廳的動線也順暢了。**原本的玄關改設走入式鞋區**，將先前的淺層鞋櫃升級為深 60CM 的系統櫃，可吊掛大衣、收納長傘等各式外出用品，櫃前還可擺放溜狗的推車，打掃用的吸塵器等大型用具。門一關，玄關整個清清爽爽；門一開，自動感應燈亮起，內容一目瞭然。

老屋裝修 小知識

Q：翻修舊屋的施工期要多久？
A：若房子沒有很多問題，大約 60 個工作天就可完工。若房子有些問題，比如要修漏水之類的，就會拉長工期。像此案因屋齡已 30 年，所以另請防水公司來做窗框周邊的防水，這比一般做法來得繁瑣，因此多費了約 7 至 10 天的時間。

2 這個客廳受限於先天格局，沒法開設採光窗。曾有別位設計師跟屋主打包票說「沒關係！我可以引光。」但他也只是開個燈、把燈光引入客廳而已。而我則跟屋主建議乾脆就讓客廳沒有採光吧！但是，我們**從客廳到餐廳、和室全為開放式設計**，讓客廳可透過和室與餐廳來獲得餘光，就不會那麼暗了。

3 把廚房從屋子的最後端移到客廳旁，再利用走道凹入的開放空間當做餐廳。經過溝通，女主人也很認同**廚房不設門**的做法；這除可讓廚房獲得來自採光窗的亮度、與餐廳連成一個共約九坪的大空間，並讓坐在餐桌或站在門口的人都能輕鬆地跟下廚者聊天。廚房與客廳的隔牆也開設一個窗洞，便於跟客廳互動。

4 打通兩間離馬路較遠的小房，再加入原有的廚房跟一截迂迴走道，就構成新的主臥；裡面還可闢出女主人專用的工作區。在遷走的廁所原址改設二字型更衣間，對面就是主臥衛浴，更衣過程更便利。

5 餐廳為全屋動線的交匯點；**往內的動線經過拉直**，分成兩條。一條通往主臥、另一條則串連兩間臥房。

老屋裝修小知識

Q：為何舊屋的設計在定案後還會有變動？
A：通常，舊房子的柱子特別多；而這些柱子往往都包在木作裡，丈量現場時不見得可猜出柱位。所以，翻新老屋常會出現這種情況：跟屋主談好了要怎麼規畫；可是，一拆開原有裝潢，發現牆裡藏根柱子，只好更改設計。

大門移位置

和式改廚房

2 衛浴移到牆邊

餐廳

更衣室

主臥

幾乎全拆重隔

原一大房隔成 2 小房

開放式和室

小兒子房

- 玄關擴大；原有的封閉式玄關改為走入式鞋區
- 客廳：沙發背牆與電視主牆互換位置
- 動線交匯的空間改為餐廳
- 簡化通往臥房的動線
- 兩間衛浴移到牆邊，原處變成走道與主臥更衣室
- 大兒子臥房的入口，縮至柱子內側
- 原有的兩小房與一小段走道、局部的後陽台併為主臥
- 狹窄的 L 型陽台改為單條的深陽台

■拆除 ■增新牆 ■其他　　Ing 平面圖

老屋裝修小知識

Q：遷移廁所之後，為何只局部墊高主臥的通道與更衣間的地板？
A：我們為了留出排水的坡度，地板大概墊高了 20CM。主要是讓糞管通過。因為糞管最大支；所以，只需墊高它通過的地方即可。至於排水管，也許你會擔心排水管堵塞；但實際上，只要生活習慣還算 OK，通常不會有問題。特別需要打造洩水坡的是糞管。

After and results

改造成果分享

大門移位讓客廳的動線及家具配置更合理

　　大門原在屋子左側，進門處並用牆體隔出小玄關。玄關一側的 L 牆做滿鞋櫃，另一側就只剩通道。走兩步路，先左轉踏出玄關、再右折才能進客廳。玄關與客廳的轉折過道約佔兩坪，既不能儲物也無法挪做他用，倒是讓此區的方正格局缺了角。最嚴重的是，進屋動線從此以對角線的斜度貫穿整個客廳；這條動線無形中也大幅縮減了兩側牆面的可使用範圍。游淑慧總監衡量全屋的格局與動線，決定將大門從牆左改到牆右，並將屋子的最前段整個改為玄關。由於沙發與大門位於同一直線，用噴砂玻璃隔間做造型屏風，入門有個端景，又能維持屋內的隱私並保有寬敞感。

老屋裝修
小知識

Q：為何有些大樓的房子可以改大門，有些就不行？

A：這得看屋子的條件。首先，新大樓的管理較嚴格，通常不能變更大門的方位與材質。此外還要得考慮屋子內外的空間條件，比如，梯廳的形狀等等。此案是舊大樓，再加上梯廳與玄關之間的牆面夠寬，故能容許大門移位。

用開敞感與簡潔造型來化解低矮與陰暗

　　這棟大樓的屋高大約只有兩米六，且到處可見橫樑；最低處，樑下高度只有 210CM。這不僅很難做天花，也不易隱藏起空調等設備。尤其客廳是最講究大器的地方，但天花低且有多支矮樑，設計師乾脆順著樑位，在兩側打造大小不對稱的間照天花，進而修飾大樑。選個輕薄的布燈當主燈，頂端的錯綜複雜頓時化為簡潔、和諧。設計師進一步引領視線延伸更後方的和室與餐廳。屋子中段享有單側採光；這個開放式的大空間將泛光間接引進客廳，提升了亮度，也減輕低矮的壓迫感。

老屋裝修
小知識

Q：舊屋翻新是否要重新檢視各處的防水？
A：最好能。如果是在受風面且漏水嚴重的牆面，那就需要重做防水。要不要做防水？還得評估整棟建物的狀況。像此案雖然室內狀況還維持得不錯，但考慮到大樓座向，再加上房子已30年了，水泥多少有些老化，怕拆窗後再裝上新框會有漏縫，因此，我們評估它需要做防水。

破除迂迴，化迷宮為舒暢、通透的好宅

　　原先的格局彷如迷宮。除了玄關引起的轉折動線，屋子的中後段更出現了不斷轉彎的迷魂陣。走過客廳之後的動線在約四坪的開放區分為兩條。右轉可走入一個超大的套房；若走廊道，可先左轉到廚房，然後右轉到後陽台，陽台還有個轉折……。迂迴的動線是由屋子中央的兩間衛浴，以及跟環繞這兩處的大小房間所組成。為了將採光面儘量留給生活空間，游設計師先移走這兩間衛浴，接著再簡化動線。兩條動線在餐廳也一分為二，但走道都很簡潔，高效地串聯各區，且走道盡頭都可見光，室內從此沒死角也減少暗房的數量。

Before 平面圖

After 平面圖

之前之後對照一覽

Before

After

玄關鞋櫃

造型過時的傳統鞋櫃雖做滿整牆,卻只能收納鞋子。**改為走入式鞋區**,還可放入一些常用的大型物品;門片一關,空間變得清清爽爽。

客廳

大門原本開在圖左處(玄關裡),迂迴動線導致客廳只能在圖左的牆面擺沙發。**將大門移往牆右**,再用玻璃屏風遮擋客廳的沙發;玄關變大了,客廳的格局也變方整了。

客廳TV牆

原本對著天光的電視櫃,看電視會有反光的問題;改設到對面之後。**用木作來統整天花、樑柱與牆壁性**。簡潔的主牆兼有收納及夜間腳燈的機能,白天看電視也不會出現眩光了。

走道

先前用一道連拐兩次彎的走道來串接房間,隔牆讓大部份的室內空間暗無天光。現則**簡化動線**,再也沒有轉折與死角了。圖為通往兩位兒子的臥房走道。

Before

After

和室與
餐區

之前的和室位於客廳旁扼守動線出入口；但，這間房因無外窗而顯得幽閉。靠窗處在拆掉隔牆之後改為開放式和室，與前方的餐廳構成可高度互動的場域。女主人可在多功能和室畫畫，未來的孫子可在這裡學走或遊戲，陽光也能天天灑入室內。

公用
衛浴

原位於房間內的傳統三件式衛浴設備，遷到餐廳旁邊之後，空間大了快一倍。除了**乾濕分離**的設計，還配有充裕的儲物櫃。並在馬桶對牆增設小便斗。

大兒子
的臥房

這個邊間拆掉了舊有裝潢才發現外牆呈曲面。現將更衣、儲物的機能集中在門口旁的兩根大柱之間；牆緣用一道木作來收掉樑柱並修飾窗簾軌道，**弧牆周遭放空**，就能發揮採光佳的先天優勢。

重點施工流程

❶ [門窗工程]

此案位於鬧區的大樓高層,拆窗工程必須特別重視公共安全的保護措施。雖是從室內來拆除,但為避免拆除時構件會掉落而傷及路人,因此得在屋外做些保護。有些人會在外牆架設防護網以防窗子掉落。這案子因為窗戶玻璃全可以拆卸,只有窗框才較需要擔心掉落的問題;所以就沒有在窗外加設防護網,而是施工時在人行道用三角錐圍出危險範圍,並派人看管。

Step1

高樓層拆換窗戶要做好防護措施。樓上拆窗處加設帆布以防雨水濺入室內。一樓的人行道用三角椎拉起防護布條,以免窗戶構件不慎落下時會誤傷到路人。

Step3

在裝上新窗之前,泥作師傅先填滿窗框內部,以免框內縫隙影響到窗戶的氣密效果。

Step2

拆窗會導致牆洞與周遭的水泥牆變得不平整,必須重整。為徹底防雨水滲漏,窗洞周遭要層層地塗上防水劑。

Step4

窗戶周遭的牆面重新粉光。

Step5

完工後,沿著開窗面做簡約的木作來修飾牆角的柱子與窗簾軌道。

老屋裝修
小知識

Q:換窗時,為何泥作師父要如此琢磨窗洞?

A:第一、窗樘若有貼磁磚,在安裝新框之前得剝除原有的磁磚鋪面,讓新的窗框直接接合水泥牆體;倘若,窗框只接在表層的磁磚,雨水很容易順著磁磚縫流進來。第二、若要改裝氣密窗,窗框裡面要灌實。氣密窗之所以會漏水,漏其實都出現在鋁框裡。所以,鋁框裡面要灌滿水泥;這樣子,氣密窗的隔音、防水效果才不會打折扣。

❷ [水電工程]

屋齡已滿三十年，全室的水電管線必須重新配置。電力的部份，不管是電線、開關面板到配電箱，全都要更新。三十年前的配電盤勢必無法因應現今的用電需求，除要選用承載量更大也更安全的新型電表箱，要從大樓的電表箱出來的地方就開始重配線路，如此才不用擔心日後會出問題。進排水的部份，熱水管建議使用保溫的不鏽鋼管，廁所馬桶的糞管則要特別注意洩水坡度，並且避免將廁所移到樓下住家的臥房上方，否則容易遭到抗議。

Step1

全屋地板拆除面材時，必須鑿到原始建築結構的水泥表層。

Step4

配完電線之後，再進行冷氣的配管。

Step3

管線半埋在地板，可減少外凸高度並加強固定。

Step2

在地面「打管」。

Step5

埋在地板的水電管線，冷水用 PVC 管、熱水用保溫不鏽鋼管；走地面的電線則包在硬管裡。

Step6

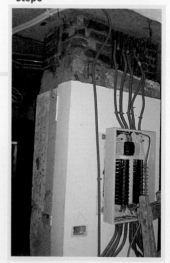

完成配線之後，電表箱的線路看來排列整齊。

老屋裝修
小知識

Q：什麼是「打管」？

A：也有人稱為「鑿管」。在配管之前，先順著走管的路徑來敲除水泥地板的粉層，把地面打低點再配管，可減少管線凸起的高度。若直接在地板的表面拉管線，尤其是口徑較大的糞管，管線若露出很多，會讓地板墊得很高，也間接壓縮了屋高。

❸ [重拉排煙管]

廚房原位於屋子的後半段，以一道窄門連結後陽台，直接將排油煙機的排煙管拉出去。廚房改設到餐廳、客廳的旁邊之後，因為離後陽台很遠且當中夾了兩個衛浴間、一間主臥附屬的工作區，排煙管只能另覓新途。客廳沙發背牆有排煙戶通往天井，成為排煙的新出路。管線穿過磚牆預留的孔洞、經過客廳的牆角，再伸至窗外。在客廳這一小段管線利用木作，將之包在紅酒櫃的上半部，順利遮住不雅的管線。

Step1

以前的廚房排煙管直接拉到後陽台的開窗處。

Step2

新的廚房隔間磚牆預留風管的孔洞，並先插入管線。

Step3

客廳面對小天井的窗戶已裝好，排煙管也先拉到預定的位置。

Step6

從客廳望向廚房。令人難以想像，紅酒櫃與灰色的活動背板裡面暗藏了一條粗大的排煙管通往天井。

Step4

廚房裡，各項管線已就定位，磚面也貼妥，只等流理台、排油煙機等設備到場組裝。

Step5

廚房裡，排油煙機就設在客廳紅酒櫃的後方。

房屋基本資料

- 25 坪
- 公寓
- 3 人
- 2 房 2 廳 2 衛
- 30 年屋齡
- 主要建材：鐵件、噴漆、超耐磨地板、鋼刷木皮
- 森境 & 王俊宏室內裝修設計・王俊宏、陳睿達等

The Children's Wonderland

打開塵封 30 年的牆，變身日光寓所

為了想要跟父母住近一點，一方面可以彼此就近照顧，老人家也可以含飴弄孫，另一方面屋主從小在這裡長大，對生活機能也十分熟悉，因此選擇在附近找房子。正好爸媽家樓上有人在出售，便買了下來，卻發現老房子問題很多，如狹小昏暗，且機能十分不便，於是找來專業的室內設計師協助處理。

老屋狀況說明：

最大的問題在於每個空間都十分昏暗，可惜了它所擁有的三面採光優勢，卻沒有辦法進入客廳，但每間房間沒因有窗而明亮不少，一樣昏暗，也突顯其格局不良的問題。另外，就是擁有前後大陽台，但室內空間在使用上明顯不足。管路老舊，且頂樓還有漏水、壁癌等問題待解決。

老屋問題總體檢：

壁癌嚴重

主臥雜亂且出入
陽台動線不佳

[廚房] 　[衛浴] 　[臥室] 　[主臥]

[臥室] 　[餐廳] 　[客廳]

客廳昏暗

房間採光不佳

廚房餐廳動線不
連貫，使用不便

最困擾屋主的老屋問題：

採光不佳	●●●●●	雖然擁有三個採光，但是自然光源無法進入公共空間，而且每間房間雖有窗，但也很昏暗。
動線不佳	●●●○○	廚房端菜至餐廳要拐彎，十分不方便。
廁所不夠 且壁癌嚴重	●●●●○	只有一間廁所，待未來人口增加時會不夠使用，同時有壁癌及漏水問題待解決。
空間不夠用	●●○○○	想要書房，但空間不夠用。

屋主想要改善的項目

1 想擁有明亮的客廳。

2 室內空間太小,擠不出一間書房。

3 收納多一點。

4 水電管路更換及漏水處理。

溝通與協調 | **Communication and coordination**

溝通協調後的設計師建議

1 由於採光不佳,因此建議將採光最好的主臥隔間牆拿掉,**將三房改成二房**,並將主臥改為客廳,將公共空間變寬敞且明亮。

2 將現有門窗拆除更換,並將原本的女兒牆往下拆15公分,**加大窗景**,使自然採光能大面進入室內。

3 將原本的廚房與衛浴跟小孩房對調,**將私密空間集中在同一側**,並利用拉門設計串連餐廳及廚房的進出動線。

4 把原本大門及客廳之間的**畸零空間規劃成一間儲藏室**,擺放家電及屋主的高爾夫球具,圓弧收邊,營造空間的圓滑流線感,同時也顧及到動線安全。

5 **利用樑下空間規劃隔間兼收納櫃體**,增加收納空間。並善用畸零空間為主臥規劃半套衛浴。

6 **將餐桌與事務桌的結合**,以燈管鐵件區隔,為屋主規劃一處可辦公的虛擬書房,並將電器櫃與事務機上下結合一起,滿足機能。

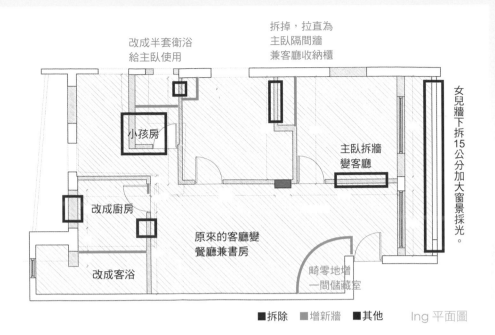

改成半套衛浴
給主臥使用

拆掉，拉直為
主臥隔間牆
兼客廳收納櫃

小孩房

主臥拆牆
變客廳

女兒牆下拆15公分加大窗景採光。

改成廚房

原來的客廳變
餐廳兼書房

改成客浴

畸零地增
一間儲藏室

■拆除　■增新牆　■其他　　Ing 平面圖

After and results
改造成果分享

加大窗框及去除隔間，讓光流進室內每一角落

明亮、寬敞，是屋主的唯一要求。因此在審視整體空間後，建議摒棄一間房，改為客廳。於是，在設計師刻意加大窗框，以及通透電視牆兼玄關屏風櫃，讓自然光源從前後及旁邊穿透而進，使空間即使不開燈也顯得明亮，同時，也化解一進門即見客廳的視覺尷尬。

而被釋放出來的餐廚空間，則使用透明的活動式拉門作為區隔，不僅可以阻隔油煙四溢家中，具有穿透性的材質也讓視野更多了遼闊感。

餐桌與事務桌結合，虛擬書房躍然而出

但顧及屋主的事務空間要求，在有限空間難以再規劃一間出來，於是透過餐桌與工作事務桌串連，讓電腦螢幕背向行進動線，而人面向公共區域，可以掌握空間中的人事物，並兼顧處理事務的隱私性，並在其背後又規劃事務印表機與咖啡機的電器櫃結合，讓功能完備，使這個開放角落形成屋主理想的虛擬書房。

大器質感的大理石餐桌與稻香色主牆，共同交織出簡約實用的獨特風格；而從客廳延伸出來的連續木紋，不但帶出流動順暢的動線外，更是一面具機能性的收納牆，展示著屋主收藏的藝術品，當然在另一側則是私密空間的隔間牆。尤其是圓弧轉角收邊，更突顯出設計者的貼心，將屋主一家人行動遊玩的安全性一併考量。

而私密的起居空間，以舒適、舒眠的療癒氛圍做規劃，而造型波浪天花，即完美的遮蔽壓樑問題，同時也為空間帶來活潑的視覺效果。

收納機能與美感兼顧，穠纖合度展現再生風華

　　整體而言，在有限空間裡，透過格局重新規劃、流暢動線安排、配色及材質搭配，將比例原則完美呈現，一點也不浪費坪效，並透過活動式傢俱、軟件飾品及藝文擺設，讓家傳遞溫和的療癒力及變化。

　　於是，一種隨著日光漫延的靜謐、一種脫離塵囂的純粹美感，讓這老屋翻新的空間，穠纖合度地展現其再生風華。

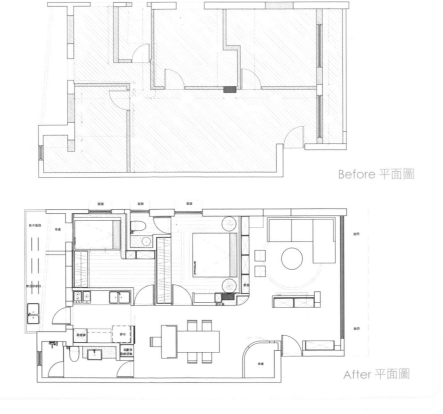

Before 平面圖

After 平面圖

之前之後對照一覽

After

玄關

傳統玄關一進門即是公共空間，但因隔間關係，整個空間顯得太過陰暗，不利明廳運勢。透過設計師打開一間房的隔間牆，改為**虛擬的電視櫃體兼屏風**，避開玄關的視覺尷尬，同時也帶來明亮感。

客廳

原有空間為擁有兩面採光的主臥，卻遮蔽整體空間的光線，因此**將主臥牆拆除**，並將女兒牆往下拆１５公分，將窗拉大使光線得以進入室內空間的每一個角落。

電視牆

隔間牆讓光源無法進入室內空間。因此**將牆拆掉**，並透過玄關櫃屏風兼電視牆的設計，讓光影及動線可以在此流動，兼具機能。

餐廳

以往餐廳被客廳擠壓狹小，且光線不佳，連吃飯都無法好好坐在餐桌上吃。但新空間**透過合理分配**將餐桌及屋主的事務桌結合，吃飯也是一種享受。

主臥

在經由設計師巧思規劃及空間分配，將原本陰暗的房間，變成明亮的主臥空間，並利用**弧形天花設計**將樑柱修飾掉，並還多出半套衛浴空間。

走道

原本堆滿雜物的走道，在調整空間分配及動線規劃後，**把走道的牆都規劃成收納櫃體**，空間再也不雜亂。

重點施工流程

❶ [浴室防水砌磚工程]

衛浴的防水程很重要，涉及到是否會漏水到樓下或工程品質問題，因此從泥作開始進場時，每一步驟都要紮實，才能避免後續問題發生。

Step1

全室拆除。

Step3

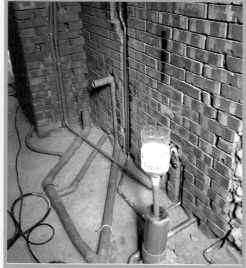

佈冷熱水管及排水、糞管等。

Step2

砌浴室牆面。

Step4

電線走上面。

Step5

上水泥及防水層。

Step6

砌磚。

Step7

留磁磚伸縮縫。

Step9

等待燈管及設備安裝即完成。

Step8

浴室天花施工。

The Aged Warm Place

三代同堂樂活家，讓神明和傭人都有自己的房間

房屋基本資料

- 52 坪
- 電梯公寓
- 5 人
- 3 房 1 廳
- 屋齡 35 年
- 主要建材：拋光石英磚、秋海棠大理石、黑金石、墨檀染白木皮、秋香染白木皮、烤漆玻璃、鏡面不鏽鋼、進口環保木地板
- 宇肯設計 · 蘇子期

　　林先生一家人在數十年前遷入這棟公寓。如今，昔日的青年已邁入銀髮之齡，當年的孩童也長大成人並另組家庭，家裡只剩下夫妻倆與兒子在此奉養八十多歲的老爸。他們雖另有房產，但這屋子盛載了家庭回憶；即使空間已嫌不足、裝潢也顯老舊，它仍是無可取代的老家。

老屋狀況說明：

　　位於巷弄的電梯公寓享有不錯的生活機能。然而，房子舊了，人的居住需求也跟著歲月變動，屋主決定來場大改造。設計師在實地勘察時發現這房子的天花板頗低，樑下僅有 205CM，手一伸就能碰到。此外，先前的裝潢大量採用深色木作，使空間看來沉悶又陰暗；用深色來勾勒樑矮的裝飾手法更強調了屋高不足的缺點。屋主覺得這間房子不寬敞，東西也沒地方擺。事實上，除了廚房跟衛浴間，屋內到處都設有層架與櫃體；只是，整體的空間劃分不妥、收納計畫也欠佳，所以無法發揮出應有的坪效。

4. 專為銀髮族需求設計的機能好宅　175

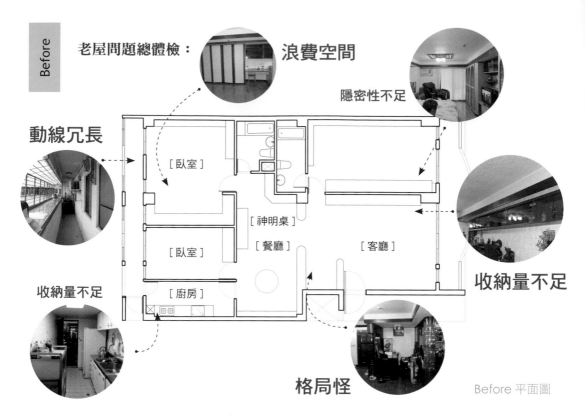

老屋問題總體檢： 浪費空間

隱密性不足

動線冗長

收納量不足

收納量不足

[臥室]

[臥室]

[廚房]

[神明桌]

[餐廳]

[客廳]

格局怪

Before 平面圖

最困擾屋主的老屋問題：

收納量不足	●●●●●	一字型廚房與兩間衛浴的收納機能不足。買了置物架擺在牆腳，既不美觀也不好用。客餐廳釘了很多櫃子跟層架，卻只覺得凌亂。三間臥房都利用最長的牆面來配置落地衣櫃，仍不夠存放衣物。
房間數不足	●●●●●	原先為標準的三房格局，讓照顧老爸的外勞沒地方可睡。
窄狹	●●●●●	全屋僅有孝親房較寬敞，屋內其它各區（客廳、餐廳、廚房或臥房）則很擁擠。
廁所不夠用	●●●●○	為求三個世代的作息互不干擾，故需要三套衛浴。屋主夫妻的主臥為套房，年近90的老爸也該給他一個能夠從容地沐浴、如廁的空間；其他人共用另一套衛浴。
私密性不足	●●●○○	主臥的房門偏沖大門，另一側的落地窗則通往跟客廳共用的前陽台。
氛圍混亂	●●●○○	神明桌跟餐廳位在同一區，無論是進出臥房或在客廳哪個角落，都能明顯感到神明桌的存在。而且，廁所入口也對著神明桌，感覺不太好。
洗衣空間不佳	●●○○○	後陽台太狹長，得走到盡頭才能抵達洗衣機。

屋主想要改善的項目

1 希望房子看起來能更開闊些。

2 廚房變大也變得更好用。

3 調整格局時,別動到神明桌的位置。

4 除了原有三房,再增加一間傭人房。

5 兩間衛浴改為三間;其中兩套配給主臥與孝親房、一套為公用。主臥衛浴要有雙水槽。

溝通與協調　Communication and coordination

溝通協調後的設計師建議

1 利用「大三通」的概念,使客餐廳構成一個大型的起居場域;接著,**消除閒置區域以釋出可用坪數**;最後再利用配色等技巧,讓空間儘可能的看來清爽,這樣就能有效地放大空間感。

2 封閉式廚房限於兩側牆距不夠,只能在單側配置。既然屋主可接受**開放式廚房**,那麼,使它跟餐廳合為一個寬敞的餐廚空間,視野與機能都倍增,還可在廚房外側再安排一座多功能中島。

3 神明桌的原有位置與座向是經過風水師指點的最佳方位,屋主全家多年來也在此住得很平安。但,傳統中式的神明桌跟現代居家顯得格格不入。經過一番討論,此桌方位不變,但給它一個獨立空間。正對著客廳的這道隔間裝設活動拉門,就可**隨時調整神明廳的封閉性與開放性**。

4 將原本散放在狹長後陽台的洗曬設備整合在一間洗衣房裡,空間運用與使用動線變得更有效率。在廚房通往洗衣房的動線兩側配置單人床、衣櫃與書桌,再於前後設拉門,就成了**傭人的臥房**。

5 考慮到管線銜接的問題,調整後的衛浴間仍大致留在原地。僅向孝親房爭取些許坪數,再取消其中一個浴缸,就**多出了一間衛浴**,主臥也能擺入雙水槽。設計關鍵就在於消除冗長動線,讓各項設備保有適當距離而不會平白地浪費坪數。

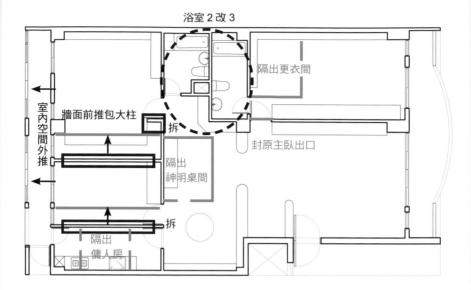

浴室2改3

隔出更衣間

室內空間外推

牆面前推包大柱

拆

隔出神明桌間

封原主臥出口

拆

隔出 傭人房

- 客廳主牆：封住原先的主臥入口、改設隱藏式儲物櫃，順勢包入左方的大柱。
- 主臥：將落地窗改為半高窗。
- 主臥：增設更衣間。
- 衛浴增為三間。
- 孝親房：深約兩米的大凹牆改為一排衣櫃（深約 0.6 米），並順勢包入左方的大柱。
- 廚房：流理台往右移，長度擴展約兩倍；整個廚房改成開放式設計。
- 廚房：加設多功能中島。
- 後陽台：將洗衣機等設備整合在一間洗衣房裡。
- 用拉門隔出一間傭人房。
- 在神明桌的三面增設隔間與活動拉門。

■拆除　■增新牆　■其他　　Ing 平面圖

After and results
改造成果分享

調整格局，動線變順、空間看來更寬敞

　　這層老公寓的格局安排有多處缺點。首先，半開放式的餐廳跟神明桌安排在同一區；接著，大門旁設個小小的書房，前後兩道展示櫃牆遮擋了屋子後半段的採光。再來，主臥房門偏沖大門、公用衛浴的入口正對著神明桌；通往各區的動線彼此交錯，站在客餐廳可看到周遭的房門，公私界限不明，空間感紊亂。若再深入各區，還可發現：後陽台長達 10 米、孝親房床尾這側的通道寬 2.5 米、主臥的衛浴頗大卻沒處可做收納……

化繁為簡，修飾樑柱並化解低矮的缺點

考慮到樑下高度僅有 205CM 的先天條件，整體視覺呈現以簡潔為前提。特別是立面，不僅要避免曝露樑矮、天花低的事實，還要儘可能地製造出這房子頗高的錯覺。此案在露出的橫樑採用「分色」的手法，在原本應該只刷到樑、牆分界的淺灰，往上刷到橫樑底端，遠看就像灰牆往上長高了數十公分。而身為這個家最重要的客廳主牆，僅運用兩種建材打造出簡約的交錯造型。主牆並將旁邊的柱體也整合到牆體內，長近 8 米的主牆因而變得更加大器。

改造的第一步就是集中主臥跟孝親房的出入動線，順勢延伸客廳的主牆，並同步加設神明桌周遭的隔間。接著，拆掉早已沒功用的小書房，原地改設餐桌；再把廚房朝此區擴展，構成一個大型的餐廚區，並進而串連客廳，成為寬敞又明亮的起居空間。連續調整廚房與小孩房、小孩房與孝親房的隔牆，讓這三區各自獲得最佳的空間比例。

集中收納，並把櫃體藏在桌下或牆壁裡

收納是屋主非常重視的一環。基於先前經驗，他們發現：即使屋內到處釘櫃子也不夠用。蘇子期設計師在各區用最恰當的手法加入收納空間；當收納機能極大化之後，居家其實不必做出一堆落地櫃來擠壓空間與視覺感受。所以，主臥的六米大衣櫃縮進走道式更衣間，其它兩間臥房也利用樑下來設衣櫃，不像以前只是把落地櫃設在房內最長的那道牆，結果卻讓長型格局變得更狹長。還有，沿著窗邊打造書桌，不僅採光好，且桌板下方又能收納物品。

妥善規畫，令人驚喜的超值翻修效果

　　客廳主牆用三道隱藏式儲物櫃來封住原有的主臥入口。這道長牆順著大門位置，用磁磚來界定出客廳電視牆的範圍。淺灰的鑿面仿岩磁磚是設計師篩選後請屋主自選的材質。貼起來效果很好，男主人非常滿意。整道牆的材料花費不多，卻能展現出高貴、大方的氣勢並兼有收納機能。屋主全家最喜愛的是開放式廚房。白色鋼烤的櫥櫃是上掀式的大型門片，空間寬敞，看來很有百萬廚房的架勢。同色系的中島緊臨著神明廳跟小孩房，前者的半透明隔間跟後者的房門全都化為背景；在這裡吃喝聊天，就像在 PUB 一樣地很有氣氛。全屋經過改造，不管是機能或美感，全都大幅升級！

Before 平面圖

After 平面圖

之前之後對照一覽

Before

After

客廳電
視主牆

開放式陳列因展示之物很多，看來雜亂；黑色吊櫃與矮樑的深色鑲邊，將原本就不高的立面切割得更零碎。改造後，**主牆整合了櫃體與柱子**而略為變寬，僅運用兩種面材的單純表現則讓立面似乎也拉高了。

神明桌

從神明桌進化為神明廳。**神明有了「專屬房間」**，整個公共區的空間主導權也能歸還給屋主全家。

廚房

原有的一字型廚房沒餘地再做收納櫃，只好買幾個置物架擺在牆邊。改造後，**流理檯的長度擴充近兩倍**，再加上中島底座的儲物空間，增加的收納量可不只兩倍！

主臥

將原來的衣櫃遷往更衣間、改為簡約的電視牆，
床尾通道多了半米的寬度。落地窗改成**半高窗**，
窗邊又能多了一道閱讀書檯與檯下的收納空間。

主臥的更衣室與衛浴

原本的衛浴間無乾濕分離，也欠缺收納
櫃。在其外側**增設更衣間**，可協助收納
衣物，也讓衛浴間內部能安排得下屋主
所期待的四件設備，同時又避免廁門直
沖臥床的問題。

重點施工流程

❶ [木作工程]

把開放式陳列的神桌改為獨立一間的神明廳，隔間選用半穿透的木隔柵鑲嵌玻璃與夾紙玻璃拉門；如此一來，能避免空間被信仰所影響的問題，又不會出現把神明關在房裡的尷尬。

Step1

靠近餐廚的木隔柵鑲嵌玻璃，構成半穿透的造型牆。

Step2

另一側為通往臥房的走道隔間。木作牆批上補土以填平釘孔與縫隙，接著再上漆。

Step4

當神明廳不開燈時，木隔柵嵌玻璃的隔間看起來只是此區的背景牆而已。

Step3

正面，預留四扇拉門的位置。

圖右側，為神明廳正面拉上拉門的外觀。這四扇拉門也可推到兩側，讓神明照舊能享有寬廣的「前庭」。

❷ [空調工程]

一台窗型冷氣的冷房面積可達多大？4坪？6坪？
這層老公寓室內約50坪，三間臥房與客廳的外牆都
裝設了窗型冷氣，暫且不考慮冷氣機在牆內牆外露出
的機身與排水管會如何的妨礙觀瞻，光是從冷房效
率來看，這幾台冷氣也很難在較大空間達到良好的
冷房表現。趁著翻修，全室改用分離式的空調系統。
吊隱式的冷氣主機與管線全藏在矽酸鈣板天花裡面，
整個室內感覺乾淨多了；陽台也只需設一或二台主
機，而不是凸出好幾台大小不一的窗型冷氣機。當
然，整套空調系統的冷房效率比散落各處的窗型冷
氣要強多了！不但可提供足夠的冷氣給大面積的客
餐廳，也能隨時只開、關某區的空調，使用更方便。

Step1

臥房、客餐廳的外牆都裝設窗型冷
氣機。

Step2

將原有的冷氣窗孔砌磚，封補之後再施以
水泥粉光。

Step3

用矽酸鈣板天花來隱藏空調的吊隱式主機與管線。

老屋裝修
小知識

**Q：分離式冷氣的管線
該如何安排，冷房效率
才會好？**

A：吊隱式冷氣的主機
與出風口、回風口，它
們的位置都會影響到木
作天花的造型，也會影響到出風方式
與冷房效率。許多老公寓的屋高較不
足，出風方式得依照空間格局來選用
下吹或側吹。此外，室內機距室外機
是越近越好。冷媒管若拉很長，也會
降低冷房效果。

Step4

重要的設備管線接合
處在最後才進行封
板，並預留維修口。

**老屋裝修
小知識**

Q：藏在天花的冷氣設備與管線
要如何配置才能顧及美觀與維修
便利？

A：藏在天花裡的主機，機體高
約30CM，最好能設在天花板的
角落，既不顯眼，也可避免整個
天花跟著降低而產生壓迫感。

還有，室內機的位置除要考慮到跟室外機的距
離，也要考量到排水管線。室內機在運轉時會
排水。老房子即使有規劃冷氣孔，也很少會搭
配冷氣專用的排水管。所以，若要把原有的窗
型冷氣改為分離式冷氣，水電工程就要列入預
埋排水管的項目。至於新成屋，雖然都會設有
冷氣專用的排水管，但若你想重拉管線，也要
在設計之初就納入水電工程。

Step5

主臥的空調出風口
藏在更衣間上方的
天花。

客廳的空調出風口
藏在橫樑側邊的木
作天花。
完工後，看不到窗
型冷氣機的空間顯
得清爽許多。

4. 專為銀髮族需求設計的機能好宅　**185**

展現北歐家居的內斂與低調

簡約雅緻、清新自然

房屋基本資料

- 室內面積：50坪
- 住宅形式：電梯大樓
- 住宅格局：三房兩廳
- 居住人數：夫妻 + 小孩
- 屋　　齡：全新屋
- 主要建材：拋光石英磚、鋼刷木皮、壁紙、調色漆、木地板、鐵件

人們與家的故事

People with a Home Story

　　臺灣用心執業的室內設計師不在少數，對一位用心、負責的設計師來說，與客戶是朋友也是家人。

　　本案是朱英凱設計師承接屋主家族的第五件委託案。在此之前，屋主的姐姐及弟弟皆曾先後放心地將規劃住宅一事託付給他。因為如此，朱英凱設計師憑藉著專業經驗與認真負責的態度，真誠打動了屋主的心，使得本案屋主願意與他合作。

朱英凱室內設計事務所
TEL：04-2475-3398
FAX：04-2473-6967
ADD：台中市南屯區南屯路2段420-2號

Before

屋況說明

　　本案雖然是全新屋，卻是投資客置購多年後才拋售的住宅。所幸屋況尚屬完整，並無漏水、壁癌等惱人問題。唯一美中不足的，便是專業的設計團隊認為初始格局不甚理想：緊鄰客廳的書房面積較寬大，壓縮了客廳的空間。尤其本案室內面積共50坪，更應該強調「大器」的氛圍。

　　此外，本案雖然多面臨窗，採光、通風應屬完美，但由於書房本為獨立隔間，水泥牆難以透光，又位處住宅中心處，難免影響室內光線及空氣的流通，是另一必須改善的重點。

施工計畫表與說明

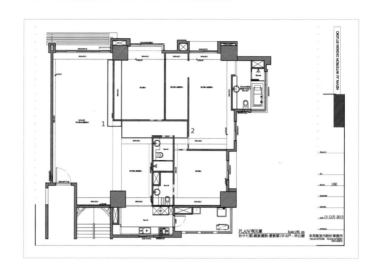

1　建商原先規畫的書房，整體比例看來略顯寬廣，壓縮了客廳空間，造成視覺上不夠大器的問題。設計團隊內縮書房隔間，藉此增加客廳面積，以達到營造氛圍、以及美觀加分的效果。

　　此外，位居住宅中央的書房原為獨立隔間，其隔間材質難以透光，連帶影響屋內空氣及採光。因此設計團隊敲掉部分書房入口處的牆，並改為半透明的推門，輔以樹枝狀的造型，不但增加了光線的流線，還讓空間更顯活潑。

2　廊道是連接室內動線的重要主軸，尤其本案三間臥室——書房、小孩房及主臥都集中在右半部，意即屋主一家三口很容易在廊道交會，因此略為擴充了走廊的寬度，大幅提升生活的便利性。

成果展示與設計風格說明 | Design Style

崇尚自然、簡潔的現代北歐設計

　　簡單、質樸，注重流暢線條的北歐設計，搭以木質建材的細膩質感與柔和色彩，屋主希望能擁有帶著濃厚北歐風格的住家，因此本案不難看見各種崇尚自然的象徵，例如樹枝的門板造型、紅磚牆的設計……等等。甚至連主臥壁面上掛著的時鐘，也是取自花朵的意象，同時又希望可以大量援用木質建材，最終打造出帶有清雅乾淨的北歐風格與原木溫潤的構築空間。

豐富色彩運用
形塑不一樣的空間樣貌

　　本案的設計概念以「自然」為主，色彩亦採用大量的大地基調，例如咖啡色、灰色、白色。此外，對顏色擁有獨到見解的女主人，在私人空間的用色上，偏向選用跳脫大地色系的色彩，例如小孩房採用蘋果綠、主臥選用粉紫色；再輔以朱英凱設計師的家具規劃，每間房都自成一種風格而不顯突兀，卻都不離「閒適」的初衷，即是生活態度的展現。

善用空間
生活處處都是收納

　　朱英凱設計師不只善於空間規劃，其豐富的執業經驗，讓他比屋主更早考量到收納的問題。畢竟再怎麼漂亮的居家，若無處收納也是枉然。而本案最精彩的收納妙筆，即為鄰近餐廳、廚房一帶的紅磚牆面。看似為單純的裝飾面板，實際上是大型柱體與牆面連接的小空間。由於難以挪做他用，便規劃為儲藏室，方便屋主收納吸塵器、暖爐、冬被……等大型居家用品。

　　另一種惱人的收納物品就是衣物，因此細心的朱英凱設計師在主臥與小孩房，皆規劃了大容量的更衣室，讓居家隨時隨地都能保持乾淨整齊，享受空間帶來的閒情逸致。

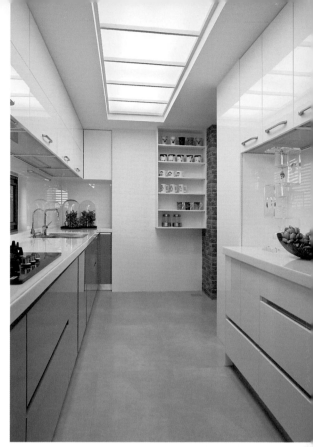

附錄

購買二手屋停看聽 ● ● ●

隨著台灣新屋價格不斷上揚，許多人在購屋時，開始將自有二手屋改建與購買中古屋納入選項，也因為如此，許多人在購屋之前常問：「究竟是購買新屋好，還是購買中古屋好？」其實，這個問題並沒有絕對的答案，主要得依據個人喜好和需求，並在購買前檢視自己的資金能力，才能買到自己所愛的房屋。

新屋 VS. 二手屋，聰明入手的方式

首先我們透過常見的購屋方案，依照各自的優缺點歸納以下參考方向：

新屋 VS. 二手屋優缺比一比			
項目	**新屋**		**二手屋**	
類別	成品屋	預售屋	屋主直售	投資客出售
優點	01. 屋況全新，問題較少。 02. 格局與景觀清楚。 03. 可立即入住。 04. 可實際看屋，確認周邊環境與建材細節。 05. 銀行融資意願較高。 06. 建商急著結案時，殺價空間高。	01. 頭期款為四種方案中最低，資金壓力較小。 02. 可變更格局，空間彈性最大。 03. 可掌握施工品質。 04. 樓層與房型選擇較多。	01. 公設低，實際坪數比新屋來得大。 02. 價格相對於新屋來得低。 03. 二手屋大多位於已開發地區，生活機能方便。 04. 由於已有人居住，房屋的相關情報與周邊資訊容易取得。 05. 自用住宅價格較為穩定，波動幅度小。	01. 相較於前三者，自備款最高，然而投資客有拋售壓力，殺價空間較大。 02. 由於投資客購買標的時，較喜歡預售屋，因此屋況可能比一般二手屋來得新。 03. 投資客在交易時較為理性，在殺價過程中，只要獲利明確即可成交。 04. 房屋大多都經過整理裝潢，可即時入住。
缺點	01. 價格相對其他三者較高。 02. 自備款較高。 03. 格局已固定，要變更有難度。 04. 價格波動與行情較難掌握。 05. 鄰居素質與施工品質難以掌握。 06. 樓層與房型選擇較少。	01. 鄰居素質難以掌握，如購買到投資型標的或是銷售不如預期的建案，可能會面臨暫時沒有鄰居的過渡期。 02. 等待入住的期間較長。 03. 格局與景觀都是未知數。 04. 裝潢期可能配合建築施工而延長。 05. 成品可能會與最初建商提供的資料有出入。	01. 自備款為四種方案中最高者。 02. 如原屋主有裝潢，若改建則需新增拆除費用。 03. 許多屋況可能在使用一段時間後才開始浮現。 04. 維修與改建費用高。 05. 容易發生產權與違法加蓋問題。 06. 銀行可貸資金較低。	01. 可能利用二手屋拉皮掩蓋房屋原有的問題。 02. 房價中已包含投資客的裝潢成本。 03. 裝潢與格局已定型，若要改建會增加另一筆成本。 04. 房屋如果是投資客個人持有，週遭的房屋可能多為投資標的，空屋率高，拋售時房價會下跌。

◢STOP！停：購買二手屋前先想一想

　　購買房子時，有時見獵心喜，加上房仲的慫恿與話術，一時衝動簽下合約，造成後續難以解決的問題。因此購買二手屋時，一定要戒急用忍，看到自己喜歡的物件，再怎麼喜歡也要先停下來思考，將以下的基本功課做完後，再決定是否出手。

☑ 簽約任何文件要預習

　　對於大多數人來說，買房子是一輩子的事，如同結婚一樣，就算是相親，到結婚這一步也是需要一段觀察期，買房子也是相同的道理，不論是房子的身家（原屋主證件、產權、買賣契約等資料），或是仲介合約一定要確實閱讀（斡旋單、要約書、委託銷售契約書等合約）；若有疑問或是不了解的地方，馬上與賣方反應或是請教代書，絕對不可偷懶或是基於互信就草草了事。

　　如果是透過房仲交易使用到的仲介合約，法律上均為「定型化契約」：①房屋買賣契約法律規定有 30 天的審閱期；②委託契約書也有 3 天的審閱期，一定要好好的審閱合約保障自己的權益。

☑ 相關政令法規要了解

　　許多人在被賣方要求支付房屋訂金之後，才能夠將合約攜回慢慢閱讀，若之後想要取消交易，訂金也被沒收了。其實，買賣房屋的交易不只受到公平交易法的保障，同時也受民法的限制，法律上有載明業者不得限定買家要求先行詳閱契約的權益，不論是房屋買賣合約或是委託書，買家均有審閱合約的權利，而且不得要求給付訂金或是費用後才交付合約；反過來說，如果依法提供合約，並經過合約審閱期後，買方只要交付訂金，就算沒有正式白紙黑字簽約，合約仍然是成立的，如果此時買方反悔，賣方可依法沒收訂金全額。

☑ 衡量自己的財務能力

　　不論是屋主自售或是投資客出售，購買二手屋的價格雖然較低，但是銀行核貸時，二手屋的可貸成數只有 40% ～ 50%（新屋可貸成數約為 70%），自備款至少要準備60% ～ 70%，再加上購買二手屋也意味著必須要再支出一筆修繕費用，因此下手之前，一定要先衡量自己的財務狀況。

實例停看聽 ●　●　●

Q 貸款不下來？！取消交易還要被沒收訂金？

彰化一對謝姓夫妻從事水泥工工作，原本要在鹿港買一棟 3 樓半的透天厝，沒想到因為信用評等不足，向銀行貸款下不來，而依照合約給付的頭期款 180 萬，最後只剩 20 萬！辛苦一輩子的存款有去無回，氣憤的向房仲公司丟雞蛋、潑漆抗議。

這個案件曾經喧騰一時，聽到這個故事，大多數的人都傾向於同情買家夫婦；然而，在法律上，由於已經簽訂契約，並交付訂金，因此所有的程序均按照合約走，買家夫妻在法律立場十分薄弱，此時，許多人應該都會忿忿不平地說，難道買方只能任人宰割嗎？

購買房屋時，不確定因素相當多，並不只是一手交錢一手交貨那樣簡單。為了避免這種情況發生，在買賣契約上，一定要加註反悔條款，也就是發生什麼情況時，交易得以取消並退回訂金全額。

以上面的案件為例，如果對於自己的信用不是那麼的有信心，在反悔條款中，一定要加註：如申貸金額不足或是拒絕申貸，訂金須無條件全數退回，才不會落得錢花了，卻什麼都沒有的遺憾結局。

◢ WATCH！看：看屋時眼睛要睜大

　　二手屋之所以迷人，除了公設低、價格低外，最大的優點就是可以實地勘查，真實感受房屋實際的面貌、格局與動線，甚至是周邊環境、生活機能與鄰居素質都可以一覽無遺。有別於新屋大多座落於重劃區與受到較嚴格的法律規定，二手屋常常面臨座落位置不佳或是建材不良的問題，因此在看二手屋時，花費的心思遠比新屋來得更多。以下列出七種在購屋之前須特別注意的二手屋類型，供讀者們參考：

☑ 座落位置不佳

　　由於早期都市規劃並未像現在如此健全，或是因為之後都市與公共建設的變更，導致原來房屋座落的地段變得不理想，這樣的情況也很常見。在看屋時，不只要觀察房屋本身的結構，也要注意周邊的環境與生活機能是否方便；通常，位於鐵路、機場與高速公路附近的房屋，會因為被聲音干擾，較不被買方列入考慮範圍內，而房屋若離嫌惡設施距離 50 公尺以內，也不建議購買，除了前面提到的公共建設，如鐵公路、機場、高速公路外，其他如神壇、聲色場所、墓場、垃圾焚化廠、死巷，一樣都屬於嫌惡設施。

☑ 位於二樓的二手屋

現今許多大樓設計為口字型或ㄇ字型，導致位於低樓層的單位，不但採光不足，水氣也較難排解出去，因此越高樓層的售價越昂貴。位於二樓單位的建物，除了濕氣問題外，還有關於排水與排氣系統的問題，二手屋的排水系統大多採用共用管線的設計，因此當管線由上而下配置時，2～3樓通常是汙水的匯集點與管線轉折點，若發生水壓不足，或是轉折點後有堵塞狀況，汙水無處排出，第一個受害的就是二樓。

這類型的問題只要一發生，就會讓當事人永生難忘，如果沒有預算上的壓力，在購買時，盡量避免購買二樓或是低樓層的房屋，然而這類型的房屋相對好處就是殺價空間大，如果一定要選擇這類型的房屋，較有保障的做法就是先詢問房屋的管線是否已經重新配置，或是調閱管線配置圖出來了解情況，同時也跟鄰居詢問是否有類似的問題發生過，以降低購買風險。

☑ 屋齡超過 30 年以上

一般而言，屋齡的極限約為50年左右，購入屋齡30年以上的二手屋，可居住年限短，加上台灣地震頻繁，安全性也有疑問；而屋齡越高，自備款的成數相對也高。除了注意屋齡以外，另一個重要的關鍵點在於建築結構的強弱，房屋結構不論在安全性、銀行鑑價與可貸金額都有直接的相關性，當耐用年限越高，銀行的鑑價金額越高，核貸的金額相對也較高。

屋齡年限表		
結構體	特點	年限（年）
木造	建材最輕，耐用度低，維護費用高。	10
磚構造	多用於透天厝，成本低，耐用度低。	25
加強磚造	多用於透天厝或低樓層公寓，樑柱系統使用鋼筋，結構體使用磚造，耐用度較高。	35
鋼筋混凝土 RC	普遍使用在大樓、公寓與透天厝，耐用度高，耐火性佳。	50
鋼骨鋼筋混凝土 SRC	最常使用在超高大樓，耐震性最高，造價昂貴。	50

☑ 常見的四種二手屋違建類型

1 頂樓加蓋：除了符合法定規格的頂樓為解決漏水問題，可依法申請評估與加蓋外，頂樓加蓋均屬違建。

2 陽台、露台外推：陽台與露台的差別在於上方是否有遮蔽物。若拆除陽台空間的外牆使室外空間變成室內空間使用，就屬陽台外推，即使加上窗戶依然是違建；而露台只要加蓋遮雨棚或牆壁，即認定為露台外推。

3 夾層屋：在天花板與地板之間搭建樓地板，若未經過申請，在取得建照後二次施工加蓋即為違建。

4 騎樓外推：騎樓為建築物地面層外的牆面至道路之空間，在上方有樓層覆蓋者稱為騎樓，在騎樓加蓋鐵捲門、牆面，即屬違建。

以上四種違建在台灣的房屋結構上屢見不鮮，然而不管是新屋還是二手屋，只要有以上狀況，均不被法律所允許，有的房仲或是買家會強調是民國84年之前所蓋，已就地合法，這個説法是絕對錯誤的！

民國84年前所蓋的既存違建，均被拍照列管，不是不拆，只是未列入隨報隨拆的名單之中，拆除的時間並不一定，為了避免觸法，不論是84年之前或是之後的房子，只要有加蓋或外推的情形，最好都不要購買。

☑ 海砂屋、輻射屋

海砂屋：顧名思義就是混有海砂建築而成的房子，一般建築所使用的混凝土，是以河砂拌製而成，使用海砂所拌成的混凝土，因海沙中含有過量氯離子，不但會使牆面滲出白色的痕漬，形成壁癌，同時也會侵蝕鋼筋，鋼筋腐蝕後體積膨脹，導致混凝土龜裂、剝落甚至鋼筋銹斷，損害房屋結構，嚴重危害居住安全。

購買二手屋時，要如何判別是否為海砂屋呢？第一步先從「外觀」著手，屋內檢查注意樓板處，是否出現結晶、銹斑、壁癌、龜裂剝落，甚至是鋼筋銹蝕外露等現象，然而這些現象可能會被之後的裝潢掩蓋，因此第二步開始檢查「公共區域」、「樓梯間」或是「地下室」這些無法以裝潢遮掩的地方。最後，要求賣方出具建築物混凝土之氯離子含量檢測報告或是自行委託檢測，以保障自己的權益。

輻射屋：指建築房屋時所使用的鋼筋或其它材質受到輻射污染，放射線物質則會嚴重危害人體建康。台灣的輻射屋最主要是來自民國71～73年建造之建物，其使用執照核發日期在71年11月～75年1月之間，在界定是否為輻射屋的標準上，是以年劑量1毫西弗為標準。要如何避免買到輻射屋，除了先注意建造與完工的日期，行政院原子委員會架構的「現年劑量達1毫西弗以上輻射屋查詢系統」[註]，可作為第一步的篩檢，第二步就是在合約上標記未使用輻射鋼筋等情事或要求出具「無輻射污染證明」，來保障自己的權益。

☑ 產生傾斜與裂縫的二手屋

要了解二手屋傾斜與裂縫的成因，必須從臺灣住宅的演進史談起。約從民國 60 ～ 70 年開始，為了因應人口的增加，此時建造的房屋以連棟的騎樓公寓、三至四層樓高的街屋，還有眷村常見的獨棟住宅為主。隨著時代演進，這些飽受風吹、日曬、雨淋摧殘的建築，不只外觀老舊，功能上都已破損，如外牆的混凝土及磚牆防水層已經漸漸失去效能，大多數的二手屋在經過外在環境變化，以及時間的影響下，建築本體的結構隨著老化，傾斜與裂縫等問題便逐漸浮上檯面。舉凡房屋傾斜、樑柱出現裂痕、磁磚爆裂、門窗框閉合不全等，這都是早期可觀察到的房屋安全警訊。

除了長年累積造成的傾斜與裂縫外，讓大眾最擔心的就是土地液化問題，主要發生在砂質土壤的土地上，原來砂質土壤層與地下水層呈現穩定狀態，但是當遇到反覆地震搖晃後，地下水被擠壓至砂質土壤層，因水分的滲入，砂粒間的結合力減少或消失變得鬆散，當水壓升高至超過土壤可承受的外部壓力時，加上水分不能從地底排出，就會使土壤呈現有如液態的情形，土表失去承載建築物重量的力量，就會造成建築物下陷或傾斜。

想要檢查二手屋有沒有前述這些問題時，可以攜帶類似彈珠的圓形物體。將其平放地板時，彈珠如不停往某個方向滑動，代表住宅本身已經傾斜。另外，還可以試著開關住宅的門窗，在正常情況下，門窗應可以順利滑動關閉；但當房屋傾斜時，結構產生變形就會壓縮到門、窗的活動空間，發生推動時「卡住」的情形。當然，還有一種狀況是，看屋時並沒有發生傾斜和門窗卡住的情況，直到搬進去數年後才發現這些問題，這樣的房屋也不建議居住，最好盡早搬離。

☑ 牆面產生裂縫

裂縫是二手屋常見的困擾之一，雖然造成牆壁龜裂的原因很多，例如粉刷層的剝落，這一類並非住宅結構引起的問題，不過只要裂縫厚度可以塞入一元硬幣，代表壁面裂痕的成因與建築結構產生的關連性較高。尤其是裂縫出現在「樑」、「柱」這兩個支撐建築的主要構件時，即使裂縫不大也應慎重考慮。

☑ 位於斷層帶

臺灣地處菲律賓海板塊與歐亞板塊交接處，地震頻繁，因此房屋的防震結構格外重要，現代建築多以大眾熟知的鋼筋和混凝土為主，結構上相對比較耐震。但是因為古早的建築技術及材料不像現在如此多元化，建造的技術觀念及法令的規範也有落差，所以在購買二手屋時，一定要注意房屋結構的耐震程度。除了注意房屋的耐震程度外，若房子位在斷層上，一旦斷層帶附近發生大地震，不論結構體再怎麼堅固，也會因為地基擠壓與扭曲變化開始出現牆壁龜裂、甚至倒塌的危險，在二手屋市場上曾流傳一句：「只要能撐過 921 地

震，房子就沒問題！」，這個觀念是大錯特錯，因為房屋位於斷層帶，每次地震發生時，對於結構體會產生一定程度的損害，撐得過一次地震，未必撐得過第二次，因此在購買二手屋時，可多加注意是否位於斷層帶上。

如果查詢後發現房屋沒有位於斷層帶上，但是想知道是否有受過地震損害，第一步可以檢視「窗戶角落的牆壁」，因為每當地震發生時，牆面與窗戶直角接縫的地方就成為承受地震攻擊的重點區域，若房子耐震性不佳，就容易在窗戶角落的牆上出現裂縫。第二步則可以查看「外牆」與「地下室」，如果外牆磁磚剝落嚴重，或是地下室有大型裂縫，這類房屋可能除了耐震度不佳外，也有嚴重漏水的問題。

註 關於常見的幾類二手屋問題，政府均有相關的資料或是諮詢服務：

01. 輻射屋：

行政院原子委員會架構的網站查詢服務：http://ramdar.aec.gov.tw/

目前僅限於查詢民國 71 ～ 73 年間建造且經偵測評估其目前年劑量仍達 1 毫西弗以上之輻射屋地址。其它年份建造建物及 1 毫西弗以下之輻射屋均不適用，請另洽輻射屋免付費諮詢專線：0800-076-678

02. 土地液化：

經濟部中央地質調查所網站：http://www.moeacgs.gov.tw/2016.htm

03. 斷層帶：

經濟部中央地質調查所網站：http://fault.moeacgs.gov.tw/MgFault/

實例停看聽 ●　○　○

Q 買到附近有嫌惡設施的二手屋，只能摸摸鼻子認栽了嗎？

藝人周杰倫的母親在新北市淡水區添購一間 96 坪、要價 2756 萬元的景觀豪宅預售屋，不料完工後她登上 21 樓新屋觀景才發現豪宅後方一開窗就是墓園，與陰宅為鄰，她認為建商隱瞞實情，要求解約退款，建商不但不接受，還祭出違約金條款，周杰倫與母親怒控建商廣告不實，直接鬧上法院。

看完以上的例子，也許有人會認為這是購買預售屋才會發生的狀況，如果是已經既成的二手屋，可以實地勘查，並不會遇到這樣的問題。事實上，即便是中古屋，因嫌惡設施而發生的糾紛，仍是高居前位。從 2015 年 10 月開始，政府規定售屋必須在不動產說明書上詳細記載建物周邊半徑三百公尺範圍內的嫌惡設施、一般設施、工業住宅等，這項政策不僅保障了買方，同時也要求買方本身必須將這份說明書詳細閱讀並確認，當買方不慎購買到附近有嫌惡設施的二手屋時，因為在買賣行為之前房屋的資訊已完全揭露，這時買方只能透過訴訟要求解除契約或是減少價金，但需自行舉證買屋時賣方未盡告知義務之事宜，在已附不動產說明書的狀況下，除非賣方變造或是未如實登載，否則勝訴率相當低。

◢ LISTEN！聽：內心有疑問多打聽了解

　　除了嫌惡設施看得到之外，看不到的無形問題，還可以靠「打聽」了解，購買二手屋的好處在於有充足的第三方消息可做參考，以下有四個最佳打聽對象，可以幫助讀者獲得更多資訊。

☑ 政府

　　利用實價登錄查詢自己所出的價格是否合乎市場行情之外，二手屋是否有問題，網路上政府所提供的多種資料庫，都可以查到相關資訊；另外，買屋最重要的「土地謄本」與「建物謄本」也可以調閱，這個步驟除了可以確認自己購買的房屋用途是否合於政府規定（商業用地或住宅用地），也能進一步知道產權持有是否複雜、賣方是否真的為房屋持有人，都可以從謄本中得到正確資訊。

謄本查閱重點			
土地謄本		**房屋謄本**	
所有權人	確認是否與賣方資料一致。	所有權人	確認是否與賣方資料一致。
權狀字號	核對權狀字號和賣方所持有的權狀相同。	建築完成日期與主要建材	可計算建物屋齡，與建材搭配看可知道是否已達使用年限。
權利人	一般權利人應該是銀行，若有其他的權利人，就要特別注意。	主要用途	確認是否為住家用。
設定義務人	通常和所有權人相同，若有其他義務人則要特別留意。	面積	確認主體面積、是否有附屬建物及公設面積。
共同擔保地號 / 建號	核對共同擔保地號及建號是否與所有權狀相同，如果不同，可能是有瑕疵的產權。	附屬建物	可檢查是否有隱匿陽台外推問題。
其他登記事項	檢閱查封、限制登記等字眼，否則無法過戶。	權利範圍	可看出所有權人是否與他人共同持有。

☑ 鄰居

跟鄰居打聽或交談了解附近的房價與可能出售的標的物之外，在凶宅與周邊鄰居素質的消息上，更是重要的來源！特別是「凶宅」，雖然新版的不動產說明書上必須揭露凶宅資料，但是僅限於 5 年內或是賣方持有期間的資料才需揭露，若超過 5 年以上或是已轉手多次，這些消息則必須從鄰居身上才能問到相關訊息。另外，若是購買大樓中的二手屋，正上方與正下方鄰居也務必拜訪，以了解房屋是否有漏水或是其他潛藏的問題。

☑ 管理員

新型管理大廈通常設有管理員，可以從管理員身上得到許多資訊，不論是鄰居糾紛、或是同棟大樓有更佳的物件要出售與管委會相關資訊，其中管委會規約常常被買家所忽略，許多案例都是快樂搬進新家後，才發現管委會規定繁瑣，或是裝潢時被管委會糾舉，這類資訊都能從管理員身上獲得，另外關於凶宅資訊，有時鄰居不願意擋人財路或是貶低房價，會選擇隱匿真實資訊，此時管理員提供的資訊會比較中立。

☑ 店員

便利商店不但是生活的好鄰居，更是看屋時觀察周邊環境的一項重要指標，附近的治安與人口結構資訊，也可以透過詢問店員取得。由於二手屋通常都位於較老舊或是開發較早的區域，如果附近超商密集度不佳，就代表著區域生活機能有問題，意味著可能有嚴重人口外移的問題。

實例停看聽 ● ○ ○

Q 不慎買到凶宅怎麼辦？

蒙藏委員會委員長－高思博，兩年前以兩千多萬買下台北市一座華廈，付了簽約金後，卻發現八年前，一樓曾發生砍人事件，兇嫌還跑到八樓跳樓自殺，因此他覺得這是凶宅，繼而打官司要解約，最後法官認為八樓跳樓與九樓無關，判定高思博敗訴。

法律上對於凶宅的定義與一般人的認定中有所不同，雖然新制不動產說明書中規定凶宅資訊必須揭露，但是如同上述案件中，當事件的發生並非在賣方持有期間以及賣方專有部分發生之事，法律上均不認定為凶宅。那要怎麼保護自己不買到凶宅呢？除了詢問鄰居、管理員外，還可以跟附近派出所與里長處打聽是否有類似事件發生，另外，要求賣方在不動產說明書中，在「非自然身故」項物詳細填寫，並在合約中加註「排除凶宅條款」，將凶宅範圍擴及到全大樓或社區，否則，凶宅範圍僅及於該買賣交易的房屋。

索引
Index

（依筆劃順序排列）

索引
Index

（依筆劃順序排列）

國家圖書館出版品預行編目 (CIP) 資料

拯救二手屋BEFORE+AFTER / SH美化家庭編輯
部著. -- 增訂初版. -- 臺北市：風和文創, 2016.09
面；23.4×17公分
ISBN 978-986-93013-9-8(平裝)

1.房屋 2.建築物維修 3.室內設計

422.9   105014151

拯救二手屋BEFORE+AFTER

作　　者	SH 美化家庭編輯部	封面設計	整文玩圖
授權出版	凌速姊妹（集團）有限公司	美術設計	何瑞雯
總經理	李亦榛	出版公司	風和文創事業有限公司
總經理特助	鄭澤琪	網址	www.sweethometw.com
副總編輯	張愛玲	公司地址	台北市中山區長安東路二段 67 號 9F-1
企劃編輯	張芳瑜	電話	02-25067967
行銷廣告經理	黃俊霖	傳真	02-25067968
編輯協力	彭湘芸	EMAIL	sh240@sweethometw.com

台灣版 SH 美化家庭出版授權方

IESG

凌速姊妹（集團）有限公司
In Express-Sisters Group Limited

公司地址	香港九龍荔枝角長沙灣道 883 號 億利工業中心 3 樓 12-15 室	
董事總經理	梁中本	
EMAIL	cp.leung@iesg.com.hk	
網址	www.iesg.com.hk	

總經銷	知遠文化事業有限公司	製版	彩峰造藝印像股份有限公司
地址	新北市深坑區北深路三段 155 巷 25 號 5 樓	印刷	勁詠印刷股份有限公司
電話	02-26648800	裝訂	明和裝訂股份有限公司
傳真	02-26648801		

定價 新台幣 360 元
出版日期 2014 年 10 月初版一刷　2016 年 09 月增訂初版
PRINTED IN TAIWAN 版權所有 翻印必究
（有缺頁或破損請寄回本公司更換）

HCG

台灣製造

直熱式 免治馬桶座

直熱式
免治馬桶座

AF949WL

控制面板
面板設計美觀大方，使用簡易。

直接加熱
使用時才啟動加熱功能，
不需耗電保持水溫，更加省電。

前後移動SPA噴嘴
不鏽鋼噴嘴移動式前後洗淨，
更加舒適潔淨。

不鏽鋼噴嘴
採用不鏽鋼材質，一體成形不易附著汙垢。
五段式調整噴嘴位置，前兩段後兩段，共計2cm調整。

直熱式：使用時才加熱，溫水無間斷供應，節能省電效果佳

台灣知名作家／薄宜

真情推薦

- 緩降裝置
- 溫烘功能
- 強制除臭
- 記憶功能

- 除臭裝置
- 簡易拆卸
- 自動清洗噴嘴
- 按鍵式電源開關

- 抗菌樹脂
- 安全警報
- 電容式感應
- 紅外線著座感應

- 省電裝置
- LED後燈
- SPA水柱按摩

其他型號免治馬桶座詳細功能及材質，敬請參閱產品型錄或官網

HCG 和成欣業股份有限公司 營業專線：03-3756414 服務安檢中心：0800-087-089 http://www.hcg.com.tw

HCG和成官網   HCG綜合型錄

www.sweethometw.com